Informatik-Fachberichte 224

Herausgeber: W. Brauer
im Auftrag der Gesellschaft für Informatik (GI)

Udo Voges

Software-Diversität und ihre Modellierung

Software-Fehlertoleranz und ihre Bewertung durch Fehler- und Kostenmodelle

Springer-Verlag
Berlin Heidelberg New York
London Paris Tokyo Hong Kong

Autor

Udo Voges
Kernforschungszentrum Karlsruhe GmbH
Institut für Datenverarbeitung in der Technik
Postfach 3640, D-7500 Karlsruhe 1

CR Subject Classification (1987): D.2.5, D.2.9, D.4.5, J.2, J.7

ISBN-13:978-3-540-51827-3   e-ISBN-13:978-3-642-83999-3
DOI: 10.1007/978-3-642-83999-3

CIP-Titelaufnahme der Deutschen Bibliothek.
Voges, Udo:
Software-Diversität und ihre Modellierung / Udo Voges. – Berlin; Heidelberg; New York; London;
Paris; Tokyo; Springer, 1989
  (Informatik-Fachberichte; 224)
  Zugl.: Karlsruhe, Univ., Diss., 1989 u.d.T.: Voges, Udo: Software-Diversität und ihre Bewertung
  mit Hilfe von Fehler- und Kostenmodellen
  ISBN-13:978-3-540-51827-3

NE: GT

2145/3140 – 543210 – Gedruckt auf säurefreiem Papier

Vorwort

Das vorliegende Buch gibt meine von der Fakultät für Informatik der Universität Karlsruhe (Technische Hochschule) genehmigte Dissertation "Software-Diversität und ihre Bewertung mit Hilfe von Fehler- und Kostenmodellen" wieder.

Diese Arbeit hat sehr profitiert von einem einjährigen Forschungsaufenthalt an der University of California Los Angeles in der Forschungsgruppe von Prof. Dr. Algirdas Avižienis sowie den Diskussionen innerhalb der IFIP Working Group 10.4 "Dependable Computing and Fault Tolerance" und von EWICS TC 7 "Reliability, Safety and Security".

Prof. Dr. Heinz Trauboth gebührt Dank dafür, daß er bereits 1974 auf die Verwendung von Diversitätsgesichtspunkten in der Software hingewiesen hat und damit die Arbeiten zur Software-Diversität am Institut für Datenverarbeitung in der Technik des Kernforschungszentrums Karlsruhe initiiert und gefördert hat. Außerdem danke ich ihm für die Bereitschaft, Erstgutachter zu sein.

Prof. Dr. Winfried Görke danke ich für die Übernahme des Korreferats sowie die vielen wertvollen Hinweise und Verbesserungsvorschläge.

Am meisten aber danke ich meiner Familie, vor allem meiner Frau Barbara, ohne deren moralische Unterstützung diese Arbeit, die weitestgehend außerhalb meiner Dienstzeit entstanden ist, nicht zu einem Abschluß gekommen wäre.

Karlsruhe, Juli 1989   Udo Voges

Zusammenfassung

Um hohe Zuverlässigkeit in Rechnersystemen - insbesondere bei sicherheitsrelevanten Anwendungsbereichen - zu erzielen, ist sowohl für die Hardware wie auch für die Software die Verwendung von Fehlervermeidungs- und Fehlertoleranzverfahren erforderlich. Software-Diversität ist ein Beispiel für eine Fehlertoleranzmaßnahme. Ihre Bedeutung und ihr Einsatz im Experiment und in realen Anwendungen wird aufgezeigt.

Zur Modellierung der Software-Diversität werden Vorschläge gemacht, die sowohl die Zuverlässigkeit als auch die Kosten betreffen. Ein Modell wird eingeführt, mit dem unterschiedliche Formen der Diversität in verschiedenen Entwicklungsphasen der Software modelliert werden können sowie ihre Auswirkungen auf die Fehlerzahl insgesamt und die sich mehrheitlich auswirkende Fehlerzahl bestimmt werden kann.

Das Kostenmodell erlaubt die Gegenüberstellung einer singulären und einer diversitären Entwicklung. Ein Vergleich mit anderen Modellierungsansätzen schließt sich an.

Der Anhang enthält eine - z. T. kommentierte - Bibliographie mit allen Literaturstellen zur Software-Diversität.

Abstract

Software Diversity and its Modelling

In order to achieve high dependability for computer systems, especially in safety-related applications, the use of fault avoidance as well as fault tolerance techniques is required, for hardware and for software. Software diversity is one such fault tolerance technique. Its merits and its use in experiments and real applications in described. Proposals for modelling the software diversity are made, as well for the dependability as for the cost aspects.

A model is introduced which allows the modelling of different diversity aspects in the various development phases of software and their influence on the total number of errors and on the number of majority errors. A cost model makes a comparison possible between a single development and an n-modular diverse development. Several existing models are described and compared with the new models.

The appendix contains an annotated bibliography with all references related to software diversity.

Inhaltsverzeichnis

1. Einleitung

Die Erfahrung zeigt, daß eine totale Fehlervermeidung während der Software-Erstellung und damit eine korrekte Software i. a. nicht erreichbar ist. Die unterschiedlichen Verfahren und Methoden, die eingesetzt werden können, um ein fehlerfreies Programm zu erreichen, wie z. B. formale Spezifikation und Korrektheitsbeweis, sind in der Regel nicht überall anwendbar oder haben allenfalls ein fehlerarmes Programm zur Folge.

Neben den Fehlervermeidungs-Techniken sind daher auch Fehlertoleranz-Techniken einzusetzen, wenn hohe Anforderungen an die Zuverlässigkeit der Programme gestellt werden. Redundanz ist ein Fehlertoleranz-Verfahren, das verwendet werden kann.

Beim Einsatz von Hardware-Redundanz besteht in der Regel eine klare Vorstellung, welche Fehler damit abgedeckt bzw. toleriert werden können. Dies sind in erster Linie die durch Zufallsfehler physikalischer Komponenten während des Betriebs auftretende Ausfälle, die u. a. durch Alterung hervorgerufen werden.

Da für Software-Fehler andere Ursachen überwiegen und Alterung in diesem Sinne nicht existiert, muß statt homogener Redundanz diversitäre Redundanz, auch Diversität genannt, eingesetzt werden. Damit sollen z. B. die Auswirkungen von Entwurfs- und Implementierungsfehlern reduziert werden. Es ist aber nicht immer offensichtlich, wie stark die Unterschiedlichkeit der Redundanzen und damit wie groß der Nutzen der Diversität ist.

Hier sollen verschiedene Möglichkeiten, Software-Diversität zu realisieren, angegeben werden, und die jeweiligen Auswirkungen auf unterschiedliche Fehlerarten sollen aufgezeigt werden.

In Kapitel 2 werden zunächst die grundlegenden Begriffe eingeführt und definiert. Auf die Problemstellung bei der Verwendung und Modellierung von Software-Diversität wird in Kapitel 3 näher eingegangen. In Kapitel 4 werden verschiedene Experimente mit und Anwendungen von Diversität beschrieben und vergleichend einander gegenübergestellt.

Einige Fehlermodelle werden eingeführt: in Kapitel 5 zunächst ein Grundmodell ohne Berücksichtigung der Diversität, in Kapitel 6 dann ein erweitertes Modell mit Einschluß der Diversität. Kapitel 7 beschreibt ein Kostenmodell, bei dem verschiedene Formen der Diversität und ihre Auswirkungen auf die Projektkosten berücksichtigt werden können. Die vorgeschlagenen Modelle werden in Kapitel 8 auf Daten aus Experimenten exemplarisch angewandt. In Kapitel 9 werden die neu eingeführten Modelle mit bekannten Modellen aus der Literatur verglichen.

In der Schlußbetrachtung in Kapitel 10 wird auf verschiedene Anwendungsmöglichkeiten der Diversitätsmodelle eingegangen.

Im Anhang ist eine Literatursammlung enthalten, die einen vollständigen Überblick über die relevante Literatur zur Software-Diversität gibt, wobei ein Großteil der Referenzen mit Anmerkungen versehen ist.

2. Definitionen

Um Fehler, die während des Betriebs eines Rechensystems auftreten, tolerieren zu können, kann als Fehlertoleranz-Maßnahme **Redundanz** eingesetzt werden. Redundanz ist das Vorhandensein von mehr funktionsfähigen Mitteln in einer Einheit, als für die Erfüllung der geforderten Funktion notwendig sind /DIN 40041/. Es wird dabei unterschieden zwischen homogener Redundanz (Redundanz mit gleichartigen Mitteln) und diversitärer Redundanz (Redundanz mit ungleichartigen Mitteln).

Im allgemeinen wird homogene Redundanz verwendet, indem identische Komponenten vervielfacht eingesetzt werden. Damit werden in der Regel nur zufalls- bzw. alterungsbedingte Hardware-Ausfälle behandelt. Entwurfsfehler oder andere systematische Fehler sind in allen homogenen Redundanzen gleichermaßen vorhanden und können sich ungehindert - und oft genug auch unbemerkt - auswirken.

Wegen der hohen Komplexität heutiger Hardware und erst recht im Hinblick auf die Software dürfen aber Entwurfsfehler - auch 'Geburtsfehler' genannt - nicht außer acht gelassen werden. Auch trotz großer Anstrengungen, fehlerfreie, korrekte Hardware und Software zu erstellen, langen in der Regel die dabei angewendeten Fehlervermeidungsmaßnahmen nicht aus, alle Fehler auszuschließen. Testverfahren genügen ebenfalls nicht, in der zur Verfügung stehenden Zeit die Hard- und Software-Komponenten so vollständig zu testen, daß Fehlerfreiheit garantiert werden kann.

Der optimistische Ansatz, nur mit Fehlervermeidungsmaßnahmen ein hinreichend fehlerfreies System zu erstellen, reicht insbesondere in Bereichen mit hohen Zuverlässigkeitsanforderungen nicht aus. Neben dem optimistischen Ansatz muß daher auch dem pessimistischen Ansatz genüge getan werden: so sehr man sich auch bemüht, es werden Fehler im System bleiben, und diese Fehler müssen toleriert werden.

Daher sind zusätzlich Fehlertoleranzmaßnahmen erforderlich, um keinen Ausfall des Systems zu erleiden. Die Redundanz in Form der Vervielfachung identischer Komponenten führt aber auch zu einer Vervielfachung der Entwurfsfehler. Folglich müssen unterschiedliche Komponenten gleicher Funktionalität eingesetzt werden. Diese Spezialform der Redundanz nennt man **diversitäre Redundanz** oder kurz **Diversität**.

Die Diversität kann auf verschiedene Arten erreicht werden. So ist bei der Software u. a. die Verwendung von

- unterschiedlichen Teams

- unterschiedlichen Spezifikationssprachen oder -methoden

- unterschiedlichen Algorithmen und Lösungsverfahren

- unterschiedlichen Programmierumgebungen

- unterschiedlichen Programmiersprachen

- unterschiedlichen Compilern

für die Lösung gleicher Aufgaben möglich, um Software-Diversität zu erzielen. Im Bereich der Hardware ist Diversität z. B. erreichbar durch

- Verwendung unterschiedlicher Maskenentwürfe für Chips

- unterschiedliche Hersteller (second source) mit unterschiedlichen Herstellungsverfahren

- vollkommen unterschiedliche Komponenten (bei Prozessoren z. B. Motorola68000 und Intel8086, bei Speichern dynamische und statische Speicher).

Wesentlich ist allerdings, daß jeweils derselbe Funktionsumfang in den unterschiedlichen Lösungen erreicht wird, um miteinander vergleichbare Ergebnisse zu erzielen und damit eine Entscheidung über die Korrektheit der Ergebnisse zu ermöglichen.

Im Bereich der Software haben sich in Experimenten und in der Realisierung im wesentlichen zwei unterschiedliche Ausprägungen der Diversität durchgesetzt, die **N-Versionen-Programmierung** (N-Version-Programming - NVP) (z. B. /Avizienis77/) und die **Rücksetz-Blöcke** (Recovery Blocks - RB) (z. B. /Randell75/).

Der wesentliche Unterschied dieser beiden Methoden liegt in der Art der Ausführung und weniger in der Art der Erstellung der Programme. In beiden Fällen werden mindestens zwei Realisierungen mit demselben Funktionsumfang erstellt, im ersten Fall **Versionen** genannt, im zweiten Fall **Alternativen**. Der Rahmen, in dem diese Realisierungen ablaufen, ist allerdings unterschiedlich. Bei der NVP werden die Ergebnisse aller Realisierungen durch einen Voter miteinander verglichen, wobei der Voter nach verschiedenen Kriterien aufgebaut sein kann (z. B. Mehrheitsbewerter, Mittelwertberechnung, Medianermittlung). Bei den RB wird zunächst nur die erste Alternative aktiviert und ihr Ergebnis geprüft, und nur im Fehlerfall wird die nächste Alternative aktiviert, ihr Ergebnis ebenfalls geprüft, usw.

NVP kann daher als statische Redundanz bezeichnet werden, während RB in der Regel als dynamische Redundanz realisiert ist. Die Grundstrukturen dieser beiden Verfahren sind in den Abbildungen 2-1 und 2-2 dargestellt. Bei der NVP werden alle N Versionen mit den gleichen Eingabedaten versorgt und liefern ihr Ergebnis dem Voter, der z. B. eine Mehrheitsentscheidung durchführt. Kann der Voter eine Mehrheitsentscheidung fällen, so liefert er das Ergebnis davon an die folgende Verarbeitungseinheit, erzielt er keine Mehrheitsentscheidung, so erfolgt eine Fehlermeldung.

Dagegen wird bei der RB-Technik zunächst nur die erste (Haupt-)Alternative mit den Daten versorgt und ausgeführt. Ihr Ergebnis wird einem Akzeptanztest unterzogen; besteht es den Akzeptanztest, so wird dieses Ergebnis im folgenden weiterbenutzt, besteht es den Test nicht, so wird die zweite Alternative aktiviert. Dazu ist ein Rücksetzen des Systems auf den vorherigen Startzustand erforderlich - daher der Name Rücksetz-Block.

Das Ergebnis der zweiten Alternative wird wiederum einem Akzeptanztest unterzogen. Dabei wird in der Regel derselbe Akzeptanztest wie bei der ersten Alternative verwendet. Besteht das Ergebnis keiner Alternative den Akzeptanztest, so erfolgt eine Fehlermeldung. Die Fehlertoleranzmaßnahme hat dann zwar einen Fehler erkannt, kann ihn aber nicht beheben, andere Mechanismen in übergeordneten Routinen sind dazu erforderlich.

Die Zahl der bedarfsweise aktivierten Alternativen ist theoretisch - wie bei NVP auch die Zahl der Versionen - unbeschränkt, in der Praxis wird man aber meist nur zwei bis vier Alternativen realisieren.

Eine vergleichende Gegenüberstellung der charakteristischen Eigenschaften der beiden Verfahren ist in Abbildung 2-3 enthalten.

In /Laprie87a/ wird als weitere Alternative zu den Rücksetz-Blöcken und der N-Versionen Programmierung die N-Selbsttest-Programmierung (N-Self-Checking-Programming - NSCP) eingeführt und zwischen RB und NVP angesiedelt. NSCP beinhaltet neben einer Fehlererkennung, die entweder durch Abnahmetest wie bei RB oder durch Ergebnisvergleich wie bei NVP erfolgen kann, im Fehlerfall die Umschaltung auf eine Reserveeinheit.

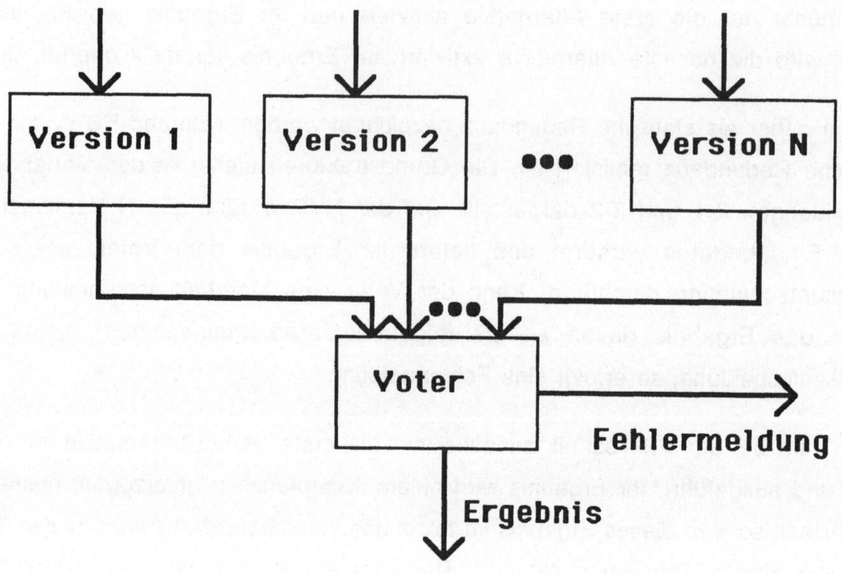

Abb. 2-1: **Struktur der N-Versionen-Programmierung**

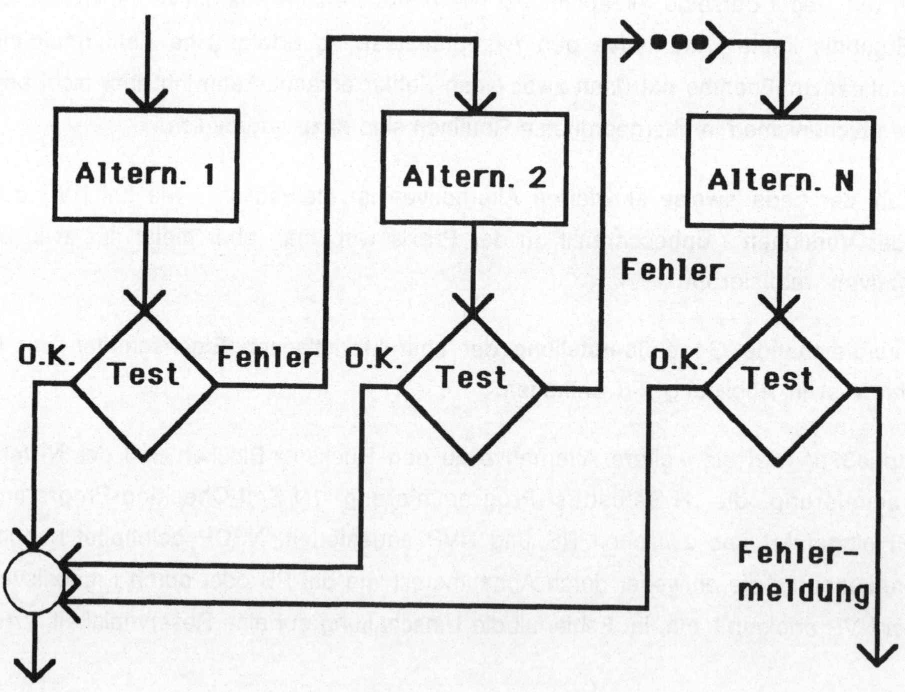

Abb. 2-2: Struktur der Rücksetz-Blöcke

Im folgenden soll in Anlehnung an /Laprie87a/ einheitlich von **Varianten** gesprochen werden und nicht von Alternativen und Versionen, da der Begriff 'Versionen' mit einer anderen Bedeutung belegt wird und die Weiterentwicklungen eines Programms bezeichnet. Das Wort 'Varianten' beinhaltet einerseits einen Unterschied zwischen den Varianten, andererseits aber auch eine Gemeinsamkeit, in diesem Fall die gleiche Funktionalität; daher erscheint 'Variante' der passendere Begriff zu sein.

Allgemein wird im folgenden Software-Diversität als Oberbegriff zu NVP, NSCP und RB verwendet. Wo im einzelnen erforderlich, wird auf die Unterschiede dieser Realisierungsformen eingegangen.

Rücksetz-Blöcke	**N-Versionen Programmierung**
Fehlererkennung durch Akzeptanz-Test	Fehlererkennung durch Vergleich
Fehlerkorrektur durch Rücksetz-Punkt und Aktivierung einer anderen Alternative	Fehlerkorrektur (-maskierung) durch Mehrheitsbewertung
Akzeptanz-Test (Absolut-Test)	Mehrheitsentscheidung (Relativ-Test)
Übereinstimmung von Alternative mit Akzeptanz-Test erforderlich	Mehrheit erforderlich
Ausführung mehrerer Alternativen nur im Fehlerfall erforderlich	Ausführung aller Versionen immer erforderlich
im allgemeinen serielle Ausführung der Alternativen	im allgemeinen parallele Ausführung der Versionen

Abb. 2-3: Vergleich von Rücksetz-Block-Technik und N-Versionen-Programmierung

Wenn wir von Fehlern sprechen, ist es erforderlich, den Bezugspunkt zu wissen. Zunächst einmal ist der Fehler definiert als eine Merkmalsabweichung. Wenn wir von einem Programmierfehler sprechen, so ist damit ein Fehler im Programmcode gemeint, z. B. "A=B+1" statt "A=B-1". Ein derartiger Programmfehler hat in der Regel eine Auswirkung auf die Ausgabe des Programms. Wird hier z. B. A ausgegeben, so weichen Sollwert und Istwert um 2 voneinander ab; diese Diskrepanz ist i. a. feststellbar und stellt ein Fehlverhalten gegenüber der Umgebung (aufrufendes Programm, Benutzer, Prozeß) dar.

In den späteren Beispielen werden wir es mit beiden Arten von Fehlern zu tun haben, internen Programmfehlern einerseits und Fehlern in den Resultaten, z. B. bei Testläufen, andererseits, die ersteren als Ursache, die letzteren als Wirkung.

In den im Kapitel 4 beschriebenen Experimenten wird oft von einer Fehlerwahrscheinlichkeit gesprochen. Diese berechnet sich dabei jeweils aufgrund der Anzahl der entdeckten Fehler und der durchgeführten Testläufe:

Fehlerwahrscheinlichkeit = (Anzahl fehlerhafter Testläufe) / (Gesamtzahl der Testläufe)

Diese Fehlerwahrscheinlichkeit kann als ein Maß für die Software-Zuverlässigkeit herangezogen werden. Es gibt eine Reihe weiterer Ansätze zur Bestimmung der Software-Zuverlässigkeit, z. B. über das Messen der Zeitabstände zwischen dem Auftreten von Fehlern beim Testen oder im Betrieb. Eine Beschreibung verschiedener Modelle ist z. B. in /Ramamoorthy82/ enthalten.

Um die Wirkung der Diversität genauer bestimmen zu können, müssen wir nicht nur die **Fehler** selbst, sondern insbesondere die **Fehlerauswirkungen** betrachten. Bei der Software-Diversität spielt nämlich weniger die Identität der Fehler und der Fehlerursachen als vielmehr die Identität der Fehlerauswirkungen eine Rolle. Identische interne Fehler in diversitären Programmen können dazu führen, daß die Ergebnisse der Programme dennoch unterschiedlich sind, da weitere unterschiedliche Fehler oder auch nur die unterschiedliche Weiterverarbeitung insgesamt gesehen zu anderen Ergebnissen führen kann. Der gleiche Fehler in der Programmentwicklung kann z. B. durch unterschiedliche Compiler oder diversitäre Hardware im Endeffekt unterschiedliche Ausgabeergebnisse zur Folge haben.

Andererseits können aber auch unterschiedliche Fehler in den diversitären Programmen zu einem gleichartigen fehlerhaften Ergebnis führen. Die Gleichheit von Ergebnissen ist aber bei der NVP für den Voter von Bedeutung. Bewertet der Voter durch Mehrheitsbildung, so können z. B. in einem dreifach redundanten System zwei gleiche fehlerhafte Ergebnisse das dritte, korrekte Ergebnis überstimmen; dagegen können zwei ungleiche fehlerhafte

Ergebnisse keine Mehrheit bilden, sondern nur eine Mehrheitsbildung verhindern. Der letztgenannte Fall wird daher nicht als gefährlich angesehen, da er i. a. erkannt wird und nur zu einer Verschlechterung der Verfügbarkeit führt, während der erste Fall gefährlich sein kann, da er in der Regel nicht als Fehler erkannt wird und zu einer Verschlechterung der Zuverlässigkeit führt.

In Abhängigkeit von der Implementierung des Voters kann die Gleichheit von Ergebnissen enger oder weiter gefaßt werden, da der Voter wegen der Diversität in der Regel nicht nur strenge Bit-Identität zuläßt, sondern ähnliche Ergebnisse zu einer Klasse zusammenfaßt. Man spricht daher statt von gleichen Fehlern auch von **ähnlichen Fehlern** (similar errors) /Avizienis84/.

Daß die Klassenbildung von Ergebnissen nicht trivial ist und auch keinen Fehlerausschluß garantiert, wird z. B. in /Brilliant87/ beschrieben.

In einem diversitären System kann es einen weiteren Grund für Abweichungen der Endergebnisse geben: wenn die unterschiedlichen Varianten nicht mit identischen Startwerten arbeiten, sondern z. B. ihre Eingabe von redundanten Meßwertgebern erhalten, deren Werte somit nicht identisch sein müssen, so können die Ergebnisse der Varianten ebenfalls voneinander abweichen. Für derartige Fälle muß in den Vergleichsalgorithmen und dem Voter eine entsprechende Vorkehrung getroffen und z. B. ein Toleranzband angegeben werden.

Wir müssen also bei der Betrachtung der Fehler unterscheiden zwischen

1. Fehlern gleicher Art/Ursache (z. B. gleiche Fehlinterpretation der Spezifikation, Vertauschung von + und - in den Varianten, gleicher Aufruf der falschen Systemroutine) und

2. Fehlern gleicher Auswirkung (verursacht durch Fehler gleicher Art, aber auch durch Fehler unterschiedlicher Art, z. B. Tippfehler in einer Variante und Algorithmusfehler in einer anderen Variante können zufällig bei gleicher Eingabe gleiche Resultate zur Folge haben, obwohl die Ursache unterschiedlich ist).

Die Fehler der 1. Art werden auch als systematische Fehler in den Varianten bezeichnet. Durch Steuerung der Diversität sowie durch verstärkte Überprüfung der identischen Komponenten im Entwicklungsprozeß, z. B. der identischen Anforderungsspezifikation, kann versucht werden, diese systematischen Fehler zu minimieren. Dagegen können die Fehler, die ausschließlich der 2. Art sind, d. h. auf unterschiedlicher Ursache beruhen, nur durch allgemeine Methoden der Fehlerminimierung reduziert werden; spezielle Verfahren gegen sie sind derzeit nicht bekannt.

Im folgenden beschäftigen wir uns in erster Linie mit den Fehlern gleicher Ursache, die auch gleiche Auswirkung haben, also der Schnittmenge der Fehler 1. Art und 2. Art, und bezeichnen diese als identische Fehler. Dies ist die Mehrzahl der Fehler in diesen Mengen, die übrigen Fehler in den Restmengen stellen hauptsächlich Sonderfälle dar.

Betrachten wir nun zwei Varianten A und B. Die in den Varianten enthaltenen Fehler bezeichnen wir mit $F_{A,i}$ und $F_{B,i}$. Die Menge der Fehler können wir darstellen als $\boldsymbol{F_A} = \{ F_{A,1}, ..., F_{A,nA} \}$ und $\boldsymbol{F_B} = \{ F_{B,1}, ..., F_{B,nB} \}$. (Mengen werden im weiteren durch kursive Fettschrift kenntlich gemacht.) Seien k dieser Fehler identisch, $k \leq nA$ und $k \leq nB$. Ohne Einschränkung der Allgemeinheit seien dies die ersten k (ggf. nach Umsortieren), so daß gilt:

$$\forall\ i,\ 0 \leq i \leq k : F_{A,i} = F_{B,i}$$

was gleichbedeutend ist mit

$$\boldsymbol{F_A} \cap \boldsymbol{F_B} = \{ F_{A,1}, ..., F_{A,k} \} = \{ F_{B,1}, ..., F_{B,k} \}.$$

Der jeweilige Rest der Fehler ist nicht identisch:

$$\forall i\ \text{mit}\ k < i \leq nA\ \text{gilt}\ F_{A,i} \notin \{ F_{B,k+1}, ..., F_{B,nB} \}$$

$$\text{wobei}\ \ \{ F_{B,k+1}, ..., F_{B,nB} \} = \boldsymbol{F_B} \setminus \boldsymbol{F_A}$$

$$\forall i\ \text{mit}\ k < i \leq nB\ \text{gilt}\ F_{B,i} \notin \{ F_{A,k+1}, ..., F_{A,nA} \}$$

$$\text{wobei}\ \ \{ F_{A,k+1}, ..., F_{A,nA} \} = \boldsymbol{F_A} \setminus \boldsymbol{F_B}$$

Liegen keine identischen Fehler vor, so ist k=0, sind alle Fehler identisch, so gilt k=nA=nB.

Bei der Ausführung der Varianten werden in Abhängigkeit von den Eingabedaten in jeder Variante entweder kein Fehler, ein Fehler oder sogar mehrere Fehler aktiviert:

a)　　kein Fehler aktiviert
　　　Die Variante liefert ein korrektes Ergebnis.

b) ein Fehler aktiviert

Die Variante liefert ein fehlerhaftes Ergebnis.

c) mehrere Fehler aktiviert

Die Variante liefert entweder

α) ein korrektes Ergebnis, da sich die Fehlerauswirkungen gegenseitig

aufheben,

oder

β) ein fehlerhaftes Ergebnis, dessen Ursache ein oder mehrere Fehler sein

können.

Wenn wir die Ausführung von **zwei** Varianten A und B mit den gleichen Eingabedaten betrachten, so können sich folgende Kombinationen ergeben, wobei die symmetrischen Kombinationen mit A und B vertauscht ausgelassen sind:

	A	B
1	kein Fehler	kein Fehler
2	kein Fehler	ein nicht-identischer Fehler
3	kein Fehler	mehrere nicht-identische Fehler mit α) korrektem oder β) fehlerhaftem Ergebnis
4	ein nicht-identischer Fehler	ein nicht-identischer Fehler
5	ein nicht-identischer Fehler	mehrere nicht-identische Fehler
6	mehrere nicht-identische Fehler	mehrere nicht-identische Fehler
7	ein identischer Fehler	ein identischer Fehler
8	ein identischer Fehler	ein identischer Fehler und ein oder mehrere nicht-identische Fehler
9	ein oder mehrere identische Fehler und nicht-identische Fehler	ein oder mehrere identische Fehler und nicht-identische Fehler

Dabei ist mit identischem Fehler einer der k Fehler aus $F_A \cap F_B$ gemeint, während ein nicht-identischer Fehler ein Fehler aus der jeweiligen Restmenge ist ($F_A \setminus F_B$ bzw. $F_B \setminus F_A$).

Für die Ergebnisse ergeben sich daraus folgende Möglichkeiten:

Klasse	Resultat A / B	Kombinationen
I	korrekt / korrekt	1, (3α)
II	korrekt / fehlerhaft	2, 3β
III	identisch fehlerhaft	7, 8i, 9i
IV	unterschiedlich fehlerhaft	4, 5, 6, 8u, 9u

In Abhängigkeit davon, ob ein korrektes oder fehlerhaftes Ergebnis vorliegt, zerfällt Kombination 3 in 3α und 3β, wobei der Fall 3β wahrscheinlicher ist, da ein gegenseitiges Aufheben der Fehler selten ist.

Die Kombinationen 8 und 9 teilen sich ebenfalls in zwei Teile u (unterschiedlich fehlerhaft) und i (identisch fehlerhaft). Da hier außer dem identischen Fehler noch ein oder mehrere weitere Fehler aktiviert werden, kann dies dazu führen, daß die Ergebnisse zwar fehlerhaft, aber auch unterschiedlich sind. Entsprechend kann eine Zuordnung zu Klasse III und Klasse IV erfolgen.

Die Klasse III der identisch fehlerhaften Resultate bestimmt den Bereich, den man in einem redundanten System ausschließen möchte. Da das in der Regel nicht möglich ist, muß nach Wegen gesucht werden, ihn zumindest möglichst klein zu halten. Im Laufe der Arbeit wird aufgezeigt, wie durch Software-Diversität dieses Ziel angestrebt wird.

Dabei gehen wir von der Annahme aus, daß identische fehlerhafte Resultate im wesentlichen durch identische Fehler in den redundanten Komponenten verursacht werden. Diese Fehler wollen wir also vorwiegend durch den Einsatz von Diversität bekämpfen.

3. Problemstellung

Bei der Verwendung von Hardware-Redundanz ist im allgemeinen bekannt, welche Art von Fehlern damit erkannt bzw. toleriert werden können und wie groß der Überdeckungsgrad ist. So wirkt TMR-Hardware (Triple Modular Redundancy) mit 2-von-3-Voter gegen Fehler oder Ausfall eines Moduls, nicht aber gegen Designfehler, die sich in allen drei Moduln gleichzeitig und gleichartig auswirken. Das wird bei der Hardware akzeptiert, und TMR wird somit nur für die Handhabung von zufälligen Fehlern infolge physikalischer Einwirkungen (z. B. Alterung) eingesetzt.

Manchmal ist das Erscheinungsbild von Softwarefehlern durchaus vergleichbar mit einem Zufallsfehler. Daher spricht Gray auch von "Heisenbugs" als Fehlern, die sich kaum reproduzieren lassen, im Gegensatz zu "Bohrbugs", die sich als harte Fehler leicht im Testen aktivieren lassen /Gray86/. Fehlerursache ist aber in beiden Fällen kein Alterungseffekt oder transienter Fehler, sondern ein 'Geburtsfehler', also ein Fehler, der schon bei der Erstellung in der Software gemacht wurde und damit auch in allen Kopien gleichzeitig vorhanden ist. Die Erscheinungsform 'transienter Fehler' ergibt sich häufig dadurch, daß eine selten auftretende Konfiguration im Programmablauf entsteht, bedingt z. B. durch Zeitverhältnisse oder Eingabedaten-Kombinationen.

Gegen derartige systematische Softwarefehler soll die Software-Diversität wirksam sein. Das Ziel der Diversität ist, daß die 'Geburtsfehler' in den diversitären Programmen weitgehend unterschiedlich sind, d. h. die Zahl der identischen Fehler in den diversitären Programmen muß gering sein, da identische Fehler wiederum durch einen Voter unentdeckt bleiben und sich ungehindert negativ auswirken können.

Ein Verfahren, möglichst viele identische Fehler zu eliminieren, ist der Ansatz, möglichst viele Phasen in der Software-Entwicklung diversitär zu realisieren. Es wird aber in der Regel immer einen gemeinsamen Ausgangspunkt geben, z. B. die Anforderungsspezifikation.

Daher kommt der Spezifikation nicht nur allgemein, sondern auch besonders im Zusammenhang mit der Diversität eine große Bedeutung zu: sie muß weitgehend fehlerfrei sein, da ihre Fehler sich als identische Fehler in allen diversitären Programmen fortpflanzen können.

Ein Ansatz hierzu ist die Verwendung von formalen Spezifikationsverfahren. Die Spezifikation wird in einer formalen Spezifikationssprache und unter Einsatz von unterstützenden Werkzeugen so abgefaßt, daß eine Überprüfung auf Korrektheit,

Vollständigkeit und Widerspruchsfreiheit möglich ist. Damit wird ein entscheidender Grundstein für den Einsatz der Diversität gelegt.

Weder der Nutzen der Diversität noch der Aufwand für die Diversität sind leicht feststellbar. So ist es bislang nicht möglich, weder die Fehler, die durch die Diversität maskiert werden sollen, noch die Fehler, die sich als ähnliche Fehler immer noch negativ auswirken können, qualitativ oder quantitativ zu beschreiben. Wünschenswert ist es, eine Aussage über die Wirksamkeit der Diversität zu erhalten, die nicht nur qualitativen, sondern auch quantitativen Charakter hat. Als erster Schritt dazu soll hier ein Modell entwickelt werden, das für verschiedene Formen der Realisierung der Diversität Aufschluß darüber gibt, welchen Nutzen man davon erwarten kann.

Damit soll aufgezeigt werden, daß z. B. die Anwendung von Diversität in verschiedenen Phasen bei der Software-Erstellung unterschiedliche Auswirkungen zur Folge hat, indem unterschiedliche Fehler maskiert werden.

In den Ansätzen, die bislang benutzt werden, wird meist davon ausgegangen, daß die Diversität nur für den Teil, der diversitär ausgelegt ist, eine Fehlertoleranzmaßnahme darstellt. Außerdem wird bisweilen sogar angenommen, daß alle Fehler in den diversitären Lösungen unterschiedlich sind, also überhaupt keine identischen Fehler auftreten /Yount84/. Experimente hingegen widerlegen diese Hypothese /Knight85/.

Ziel dieser Arbeit ist es, über diese Ansätze hinauszugehen und die Modellierung verschiedener Annahmen zu erlauben. Es wird gezeigt, daß die Diversität nicht nur bezüglich der Phase, in der Diversität eingesetzt wird, sondern auch darüber hinaus auf weitere Phasen Auswirkungen hat. Die Modellierung dieser Tatsache mit unterschiedlichen Randbedingungen wird ermöglicht.

Neben der Modellierung des Effektes von Diversität auf die Auswirkungen von Fehlern wird ein Modell entwickelt, das die Abschätzung der unterschiedlichen Kosten, die bei der Anwendung von Diversität entstehen, ermöglicht und so einen Vergleich mit den normalen Kosten gestattet.

4. Beschreibung verschiedener Beispiele

In diesem Kapitel werden verschiedene Experimente mit Diversität und Realisierungen von Diversität beschrieben. Dabei wird eine Beschreibungsform benutzt, die einen Vergleich der Beispiele erleichtert. Eine einheitliche Zusammenstellung der unterschiedlich publizierten Beispiele soll einen besseren Überblick über die bisher erzielten Erkenntnisse und Ergebnisse ermöglichen.

Zunächst werden die einzelnen Beispiele getrennt beschrieben, und abschließend wird eine vergleichende Übersicht gegeben. Sofern vorhanden werden zu jedem Beispiel folgende Informationen aufgeführt:

- Experiment oder Anwendung
- Anwendungsgebiet
- Größe des Beispiels
- Form der Diversität
- Fehlerstatistik.

Wenn Fehlerzahlen verschiedener Projekte miteinander verglichen werden, muß berücksichtigt werden, daß eine Vielzahl von Faktoren die Gesamtfehlerzahl sowie die Zahl der entdeckten und der nicht entdeckten Fehler beeinflußt. Der Einfluß der Diversität muß stets zunächst unter den jeweiligen individuellen Randbedingungen interpretiert werden, bevor verallgemeinernde Rückschlüße gezogen werden können.

Während in /Avizienis84/ bei der Beschreibung verschiedener Experimente mit und Anwendungen von Diversität nur von einer recht groben Unterscheidung der Diversität bei Hardware, Software und Zeit ausgegangen wird, sollen hier weitere Aspekte berücksichtigt werden. So werden neben

Hardware
Software
Zeit

auch

Implementierungs-Team
Test-Team
Spezifikations-Sprache

Codierungs-Sprache
Tools / Werkzeuge

als wesentliche Bestandteile zur Beschreibung der Beispiele berücksichtigt.

Neben der Wiedergabe der Informationen aus den jeweils zitierten Literaturstellen erfolgt auch eine Stellungnahme zu den Ergebnissen und eine Bewertung von einzelnen Aspekten der verschiedenen Beispiele.

Zum Abschluß des Kapitels wird eine zusammenfassende Darstellung der Beispiele gegeben.

4.1 BPI - Bessy-Pilot-Implementierung

In diesem Experiment wurde ein Teil eines Reaktorschutzsystems implementiert /Gmeiner79, Voges88a/. Die Aufgabenstellung entsprach einem realen System. An dem Projekt, dessen Ablauf in Abb. 4.1-1 dargestellt ist, beteiligten sich im wesentlichen vier Personen. Ausgehend von einer existierenden informellen Aufgabenstellung wurde zunächst eine formalisierte Programm-Spezifikation von einem Physiker erstellt. Die Spezifikation wurde allerdings nicht mit einer streng-formalen Spezifikationssprache, sondern nach dem Input-Process-Output-Prinzip (vgl. /Boehm74/) mit einer weitgehenden Benutzung von mathematischen Formeln für die algorithmischen Zusammenhänge verfaßt. Ein Informatiker, ein Ingenieur und ein Mathematiker entwickelten unabhängig voneinander je ein Programm als Lösung, wobei jeder eine andere Programmiersprache benutzte (Pascal, PHI2/Makroassembler und Iftran/Fortran). Nach dem Test der Programme durch den jeweiligen Ersteller selbst wurden die Programme zum weiteren Testen ausgetauscht.

Den sich daran anschließenden Abnahmetest aller drei Programme machte wiederum der Spezifizierer, zum Teil unter Benutzung eines Vergleichstests, bei dem die Ergebnisse von Testläufen der drei Implementierungen miteinander verglichen wurden. Dabei wurde mit 77 Testdatensätzen nach verschiedenen Kriterien getestet.

An einzelnen Diversitätsfaktoren waren folglich eingesetzt:

- unterschiedliche Programmierer mit unterschiedlicher Ausbildung
- unterschiedliche Testteams
- unterschiedliche Programmiersprachen.

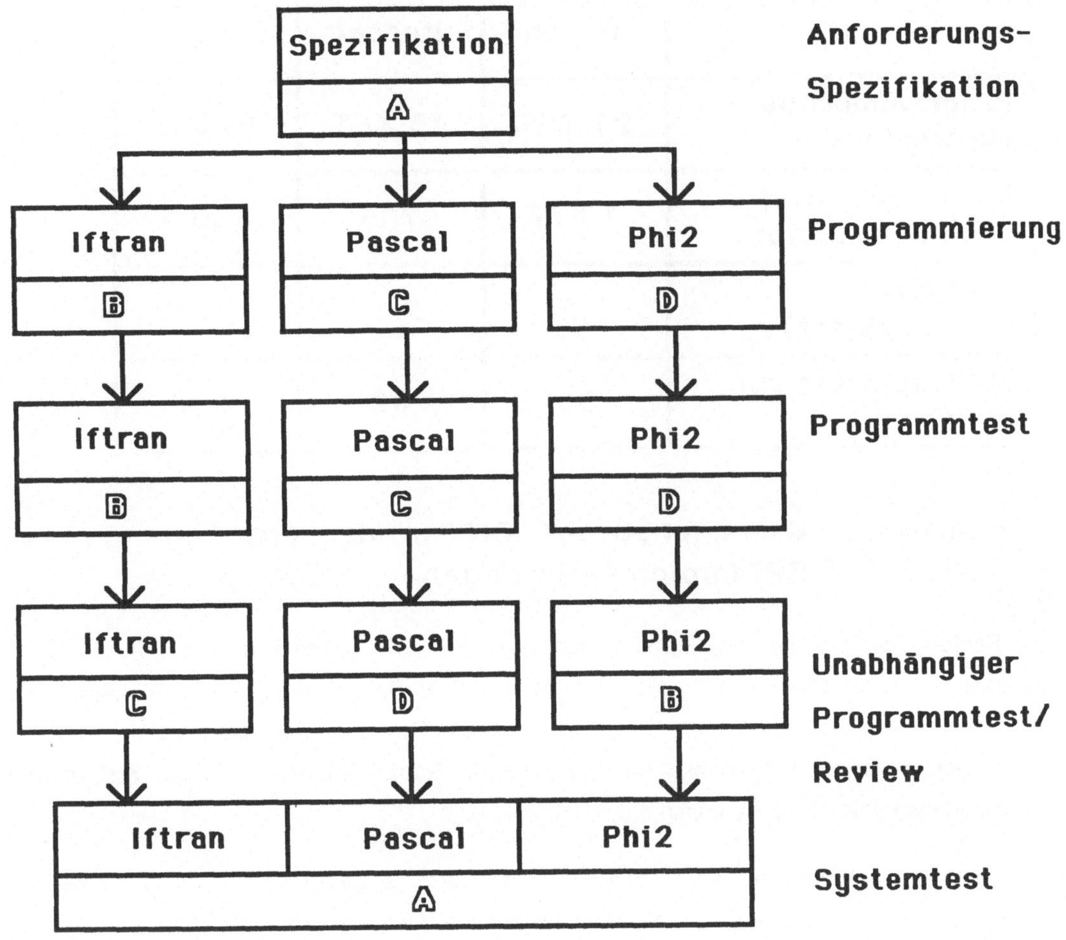

**Abb. 4.1-1:   Projektablauf und Personenzuordnung bei BPI
(A, B, C, D: beteiligte Personen)**

Es wurde im Experiment nur ein Rechnersystem eingesetzt, also lag keine Hardware-Redundanz vor. In einem realen Einsatz wären allerdings die drei Implementierungen auf drei homogen-redundanten Rechnersystemen installiert und parallel ausgeführt worden. Während des Vergleichstests wurden die drei Varianten sequentiell ausgeführt und die drei Ergebnisse anschließend miteinander verglichen.

Die Spezifikation umfaßte ca. 60 Seiten, und die einzelnen Programme variierten in der Zahl der Programmzeilen etwa um den Faktor 2 (vgl. Abb. 4.1-2).

	Iftran	Pascal	PHI2
Programmgröße (in Worten)	21 251	13 463	14 205
Programmzeilen ohne Kommentar	1 077	783	1 606
Laufzeit (normalisiert)	1,21	3,65	1
Testläufe bis zur Abnahme	30	42	51

Abb. 4.1-2: **Charakteristische Größen der drei BPI-Implementierungen**

Die Fehleraufdeckung beschränkte sich nicht nur auf die Programme, d. h. auf die diversitär ausgelegten Teile, sondern erstreckte sich auch auf die Spezifikation: teilweise wurden von den verschiedenen Programmierern unterschiedliche Fehler in der Spezifikation während der Implementierung aufgedeckt, teilweise wurden Spezifikationsfehler auch erst in den verschiedenen späteren Testphasen entdeckt.

Bei der Klassifizierung von Spezifikationsfehlern ergeben sich im allgemeinen Schwierigkeiten. Nicht alle Spezifikationsfehler können während der Implementierung erkannt werden. Ist eine Anforderung versehentlich nicht oder falsch spezifiziert worden, so ist dies im allgemeinen frühestens bei der Abnahme des Systems feststellbar.

Die in diesem Beispiel angesprochenen entdeckten Spezifikationsfehler sind daher vorwiegend Mehrdeutigkeiten, Widersprüche und Unvollständigkeiten, die während der Implementierung erkennbar waren. Wäre eine getrennte Überprüfung der Spezifikation oder eine durch ein Werkzeug unterstützte Spezifikationssprache verwendet worden, so wären wahrscheinlich zumindest einige dieser Fehler bereits in der Spezifikationsphase erkannt worden.

Die Testphase 2 mit der zyklischen Vertauschung der Programme kam z. T. einem Vergleichstest zwischen jeweils zwei Varianten gleich. Wenn z. B. Implementierer B das Programm von Implementierer D testete, verglich er es - zumindest gedanklich - mit seiner eigenen Interpretation der Spezifikation, die dem Programm B entsprach. Ein Teil der

Fehler, die der Ausführungs-Vergleichstest sonst wahrscheinlich erst gefunden hätte, wurde so bereits in dieser Testphase entdeckt.

Das Fehlerdiagramm zeigt die Zuordnung der einzelnen Phasen zur Entstehung und zur Entdeckung der Fehler (Abb. 4.1-3). Dabei bedeutet der Pfeilursprung die Fehlerquelle und die Pfeilspitze deutet auf die Phase, in der die entsprechenden Fehler entdeckt wurden. So wurden z. B. 16 Fehler, die in der Spezifikation gemacht wurden, in der Implementierungsphase und beim Programmtest entdeckt.

Von den über 100 Fehlern, die während des Projektes gemeldet wurden, waren weniger als 10 identische Fehler, d. h. in mindestens zwei Varianten vorhanden. Da aber ein Großteil der während des Projektes entdeckten Fehler bereits vor dem Systemtest aufgedeckt und beseitigt wurde, konnte keine vollständige Fehlerauflistung mit Fehlerauswirkungen gemacht werden. Es wurde nicht getestet, inwieweit sich diese Fehler auch in den Ausgabedaten identisch auswirkten, oder ob sie durch andere Einflußfaktoren der Diversität zu erkennbaren Unterschieden führten.

Zu diesem Experiment liegen keine weiteren Betriebserfahrungen vor. Es wurde davon ausgegangen, daß alle drei Programme nach Abschluß des Abnahmetests korrekt waren und alle Fehler entdeckt und beseitigt wurden.

Bezüglich einer Klassifizierung ergeben sich folgende Daten:

1 Spezifikation / 3 Programmierer / 3 Programmiersprachen / 3 Teststufen / 1 Hardware

77 Tests im Abnahmetest

104 Fehler / <10 Mehrfachfehler

Aufgrund der bei diesem Experiment gewonnenen Erfahrungen wurde ein Reaktorschutzsystem entworfen, das die Realisierung von Software-Diversität zur Steigerung der Zuverlässigkeit und Sicherheit des Systems beinhaltet /Voges82/. Dies wird in Abschnitt 4.15 näher beschrieben.

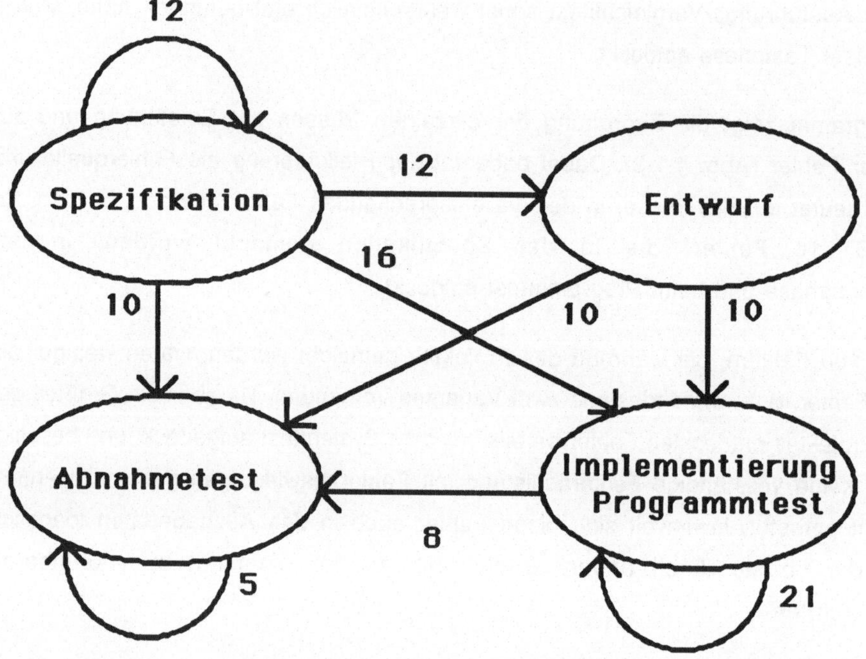

Abb. 4.1-3: **Fehlerdiagramm der BPI**
Pfeilanfang: Fehlerentstehungsphase
Pfeilspitze: Fehlerentdeckungsphase
Zahl: Anzahl der entdeckten Fehler

4.2 UVA-UCI-Experiment

Von der Universität von Virginia in Charlottesville (UVA) und der Universität von Californien in Irvine (UCI) wurde ein gemeinsames Diversitätsexperiment durchgeführt. Als Anwendungsbeispiel wurde ein Teilproblem eines Raketenabwehrsystems gewählt /Knight85/.

Die Anforderungsspezifikation war bereits aufgrund eines vorangegangenen anderen Experimentes verbessert worden und konnte daher als relativ fehlerfrei angesehen werden.

Ausgehend von der Spezifikation wurden in 27 Studenten-Teams 27 Programme in Pascal erstellt. Der Einsatz von Hilfsmitteln und Werkzeugen außer den vorgeschriebenen

Compilern war nicht erlaubt. Weitere Entwicklungsvorschriften wurden nicht gemacht. Die Größe der resultierenden Programme lag zwischen 327 und 1004 Zeilen /Knight86a/.

Zur Erleichterung der Programmtests durch die Entwickler wurden zwölf Testdatensätze (Ein- und Ausgabe) zur Verfügung gestellt. Wenn diese korrekt bearbeitet wurden, konnte das Programm zum Abnahmetest bei den Projektleitern eingereicht werden.

In diesem Abnahmetest wurden die Programme mit Hilfe von 200 Testdatensätzen getestet. Diese 200 Testdatensätze wurden für jedes der 27 Programme unabhängig erstellt, um identische Fehler nicht von vornherein durch die Wahl identischer Abnahmetests herauszufiltern.

Da die Tests in unterschiedlicher Umgebung (bei UCI und bei UVA, mehrere unterschiedliche Rechnersysteme) gemacht wurden, wurden u. a. unterschiedliche Compiler verwendet. So wurden auch Incompatibilitäten zwischen den Compilern aufgedeckt: z. B. verhielt sich ein Programm unterschiedlich bei Verwendung unterschiedlicher Compiler.

Als Projektstruktur ergab sich die in Abb. 4.2-1 gezeigte Struktur.

Der abschließende Vergleichstest, der nach erfolgreichem Abnahmetest mit den 27 Varianten durchgeführt wurde, umfaßte 1 Million Testläufe. Die Ergebnisse der einzelnen - jeweils getrennt getesteten - Varianten wurden mit einer 28. Variante als hypothetisch richtiger Variante ("Goldenes Programm") verglichen. Hierbei wurde festgestellt, daß bei einigen der Testläufe mehr als eine Variante falsche Resultate lieferte.

Aufgrund der Ergebnisse des Experiments kam man zu der Aussage, daß die Annahme, unabhängig entwickelte Programme fallen unabhängig voneinander aus, zu verwerfen ist /Knight85/.

Bei dieser ersten Interpretation der Ergebnisse machten die Autoren keinen Unterschied zwischen ähnlichen und unterschiedlichen Fehlern. Das Erzeugen eines fehlerhaften Resultats bei gleichen Eingabedaten wurde als abhängiger Ausfall interpretiert, unabhängig davon, ob die fehlerhaften Varianten identisch oder unterschiedlich falsche Resultate lieferten.

In einer weiteren Auswertung dieses Experiments sind die Ergebnisse aller 351 möglichen 2er Kombinationen und aller 2.925 möglichen 3er Kombinationen von Varianten miteinander verglichen worden und auf Ausfälle und identische Ausfälle hin untersucht worden /Knight86b/. Dabei wurden die Ergebnisse der im Rahmen der ersten Untersuchung gemachten 1 Million Testläufe wieder verwendet, also keine neuen Testläufe durchgeführt /Leveson87/.

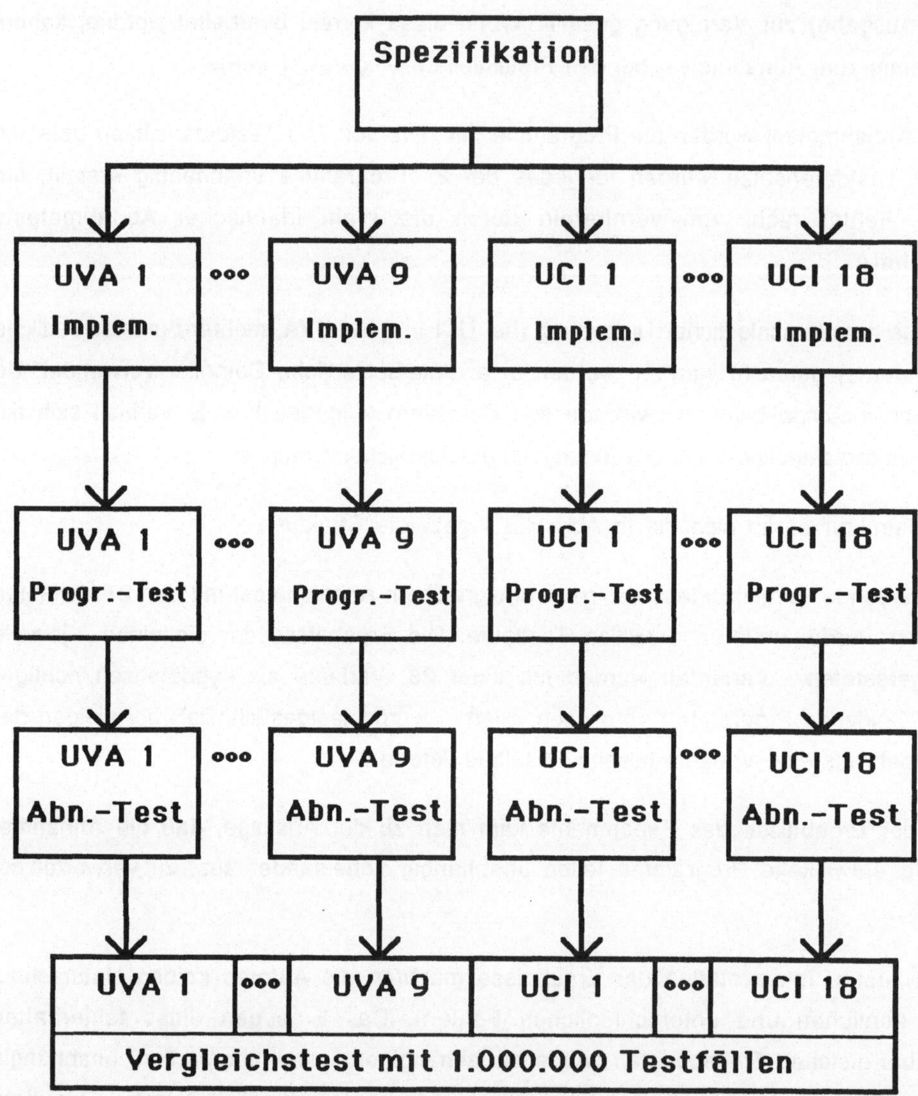

Abb. 4.2-1: **UVA-UCI-Projektstruktur**
Programm-Test mit 12 Testfällen,
Abnahme-Test mit 200 Testfällen

Bezüglich der identischen Fehler wird nur die Aussage gemacht, daß eine 2er Kombination und einige 3er Kombinationen vorkamen, in denen jeweils zwei Varianten entweder immer gleichzeitig korrekt oder gleichzeitig identisch falsch waren, sich also immer identisch verhielten, wobei das gleichzeitig identisch falsch jeweils nur für zwei der 1 Million Testfälle galt /Knight86b/. Über die weiteren Fälle von identischen Fehlern liegen keine Einzelaussagen vor, sondern nur die über alle Kombinationen gemittelten Werte. Hierbei handelt es sich dann um solche Fälle, in denen ein Teil der Fehler identische Fehler, ein anderer Teil nicht identische Fehler sind, also ein teilweise nicht-identisches Verhalten.

Berechnet man aufgrund der Anzahl der Fehler bei den 1 Millionen Testfällen je Kombination die durchschnittliche bedingte Wahrscheinlichkeit, daß zwei identische Fehler vorliegen, unter der Voraussetzung, daß ein Fehler vorliegt, so erhält man für die 2er Kombination 0,003238 und für die 3er Kombinationen 0,3505435. Das besagt, daß die Doppelfehlerwahrscheinlichkeit für die 3er Kombination um den Faktor 100 höher ist als für die 2er Kombination.

Aufgrund der erhaltenen Ergebnisse wurde einerseits nachgewiesen, daß eine völlige Unabhängigkeit zwischen den diversitären Programmen nicht besteht /Knight85/, und daß andererseits durch den Einsatz von diversitären Programmen eine Zuverlässigkeitssteigerung erreicht wird /Knight86b/, die für die 3er Systeme etwas mehr als eine Größenordnung betrug. Für die 2er Systeme war zwar in etwa eine Verdopplung der Ausfälle im Vergleich zu einzelnen Varianten zu verzeichnen, aber über 99% der Fehler wurden dadurch erkannt, daß eine Variante korrekt war.

In den 27 Programmen sind bei den 1 Millionen Testläufen im Vergleichs-Test insgesamt 45 Fehler gefunden worden, je Variante zwischen 0 und 7. Bei den insgesamt 27 * 1.000.000 Testläufen verursachten diese 45 Programmfehler 18.962 fehlerhafte Ergebnisse. Die durchschnittliche Fehlerwahrscheinlichkeit einer Variante betrug 0,000 698. Fehler, die in den vorangegangenen Phasen entdeckt wurden, z. B. beim Vortest und beim Abnahmetest, wurden nicht mitgezählt.

Die Diversitätsstruktur des Projektes war

1 Spezifikation / 27 Programmierer / 1 Programmiersprache / 2 Compiler / 1 Testtool / 2 Teststufen / 1 (?)Hardware

45 Programmfehler / 18.962 fehlerhafte Testläufe bei 27.000.000 Testläufen

12 Vor-Tests / 200 Abnahme-Tests / 1.000.000 Vergleichs-Tests

Die Aussage '1 HW' ist nicht ganz korrekt, da zur Durchführung der Testläufe verschiedenartige Rechensysteme eingesetzt wurden, aber kein Vergleich zwischen diesen Läufen gemacht wurde, der Rückschlüsse auf die Hardware zuläßt.

Die wesentlichen Daten, die bei der Auswertung dieses Experiments zusammengetragen worden sind, sind in Abb. 4.2-2 enthalten.

Fehlerwahrscheinlichkeit für einzelne Varianten (27)
Minimum	0
Maximum	0,009 656
Durchschnitt	0,000 698

Fehlerwahrscheinlichkeit für 2er Systeme (351)
Durchschnitt	0,001 384
Doppelfehler(bedingte WS)	0,003 238
Maximum	0,011 904

Fehlerwahrscheinlichkeit für 3er Systeme (2925)
Durchschnitt (/Knight86b/)	0,000 037
Doppelfehler(bedingte WS)	0,350 544
Maximum	(nicht angegeben)

Abb. 4.2-2:   Auswertungsdaten des UVA-UCI-Experiments Fehlerwahrscheinlichkeiten aufgrund von 1.000.000 Testläufen /Knight86b/

Wenn die Aussage von /Knight86b/ mit den Daten aus /Knight85/ verglichen wird, fällt auf, daß in /Knight85/ unter den Varianten nur eine existiert, die zwei fehlerhafte Ergebnisse in den 1 Million Testläufen produzierte, während die übrigen entweder fehlerfrei waren oder mindestens 4 Fehler produzierten. In /Knight86b/ hingegen wird von zwei Variablen gesprochen, die zweimal gemeinsam fehlerhaft sind und sonst immer gemeinsam korrekt. Damit passen die Aussagen dieser beiden Veröffentlichungen nicht zueinander, obwohl von den selben Daten ausgegangen wurde /Leveson87/. Da zwei Varianten nur zusammen ausfallen, wäre zu erwarten, daß auch zwei mit insgesamt nur zwei Fehlern in /Knight85/ existierten. Hier ist ein Fehler bei der Datenauswertung gemacht worden, der jedoch nicht mehr nachvollzogen und korrigiert werden kann /Knight87/.

Eine weitere Diskrepanz ist die Fehlerwahrscheinlichkeit einer Variante, die mit 0,000 702 /Knight85/ und mit 0,000 698 /Knight86b/ angegeben wird, was allerdings keinen gravierenden Unterschied macht.Es aber zu hoffen, daß keine größeren (Rechen?)Fehler in den Auswertungen gemacht wurden.

Die in /Knight85/ vorgestellten Daten können wir auch folgendermaßen interpretieren: von den 27 * 1.000.000 Testläufen waren insgesamt 18.962 Testläufe fehlerhaft, davon 3.756 mit Fehlern in mehr als einem Programm.

Betrachten wir diese Testläufe als 1.000.000 Testläufe von einem System mit 27 Varianten, so ergibt sich, daß bei 1.255 Testläufen mehr als eine Variante fehlerhaft war (ohne Aussage, ob identisch oder unterschiedlich fehlerhaft). Dem stehen 15.206 (18.962 - 3.756) Testläufe gegenüber, bei denen nur eine Variante fehlerhaft war. Die Zahl der Mehrfachfehler war also um mehr als eine Größenordnung geringer als die der Einfachfehler, die Zahl der Gesamtfehler zu den simultan aktivierten Fehlern verhält sich wie 13:1. Da identisch falsche Resultate aber nur in einem Teil der 1.255 Testläufe zu verzeichnen gewesen sind, wird das Verhältnis der Gesamtzahl der Fehler zur Zahl der identischen Fehler noch größer sein. Die genauen Zahlen lassen sich aber aus den veröffentlichten Werten nicht ableiten.

Damit hat dieses Experiment gezeigt, daß

1. die Hypothese, unabhängig erzeugte Programmvarianten haben ein unabhängiges Ausfallverhalten, zu verwerfen ist,

2. ein diversitäres 3er System eine geringere Fehlerwahrscheinlichkeit als ein 1er System hat, und

3. die Zahl der identischen Fehler um mindestens eine Größenordnung geringer ist als die Zahl der Fehler insgesamt.

4.3 Erstes UCLA-Experiment

Innerhalb eines Experiments an der Universität von Californien in Los Angeles (UCLA) wurden zwei Beispiele bearbeitet, ein Mini-Text-Editor (MESS) und eine Temperaturberechnung (RATE) /Chen78/.

Der Mini-Editor MESS wurde von 27 Teams in PL/1 erstellt. Von den 27 Programmen versagten vier total beim Abnahmetest, der mit 8 Testfällen durchgeführt wurde. Die Ergebnisse der 23 verbleibenden Programme wurden mit den Soll-Ergebnissen verglichen. Dabei ergaben sich die in Abb. 4.3-1 wiedergegebenen Fehlerzahlen. Die Programme hatten eine Größe von etwa 300 PL/1-Statements.

Anzahl der Fehler	0	1	2	4	5	6	7	8	9	13	14	Σ 135
Anzahl der Programme	2	1	2	2	3	4	1	5	1	1	1	23

Abb. 4.3-1:   Fehlerzahlen bei MESS von UCLA I

Aus den 23 Varianten wurden drei gute (0 und 1 Fehler) und drei schlechte (8, 9 und 13 Fehler) ausgewählt und jeweils als 2-von-3-System zusammengefaßt. Erwartungsgemäß wurde der einzelne Fehler in der Kombination der drei guten Varianten maskiert. In der schlechteren Kombination enthielten die drei Varianten nicht mehr 8, 9 bzw. 13 Fehler, sondern aufgrund der Instrumentierung für das 2-von-3-System nur noch 6, 6 bzw. 8 Fehler. Von diesen Fehlern wurden bis auf zwei Fehler alle maskiert. Einer dieser Fehler beruhte auf einer unklaren Stelle in der Spezifikation, während der andere Fehler in zwei Varianten vorkam und eine fehlerhafte Realisierung der Spezifikation darstellte.

Die Diversitätsstruktur war

1 Spezifikation / 27 Programmier-Teams / 1 Programmiersprache / 1 HW

135 Fehler

8 Abnahme-Tests

Aufgrund der Tests mit den beiden 3er Kombinationen kann folgende Rechnung aufgestellt werden: es lagen insgesamt 21 Fehler in den sechs Varianten vor (0, 0, 1, 6, 6, 8). Davon stellten sich ein Fehler als Dreifachfehler und ein weiterer als Doppelfehler heraus, so daß insgesamt 18 unterschiedliche Fehler 2 identischen Fehlern gegenüberstehen. Auch hier haben wie etwa eine Größenordnung Unterschied zwischen identischen und unterschiedlichen Fehlern.

In dem zweiten Beispiel, RATE /Chen78/, wurden drei unterschiedliche Lösungsalgorithmen in der Spezifikation angegeben. 18 Varianten des Problems wurden in PL/1 implementiert, und zwar in 1- und 2-Personen Teams innerhalb von vier Wochen. Zwei dieser Varianten waren allerdings am Ende der vier Wochen nicht verwendbar und schieden aus.

Durch einen Abnahmetest mit sechs Testfällen wurden die vier besten Varianten aus den 16 Varianten ausgewählt und zusammen mit drei weiteren Varianten, die je einen der spezifizierten Algorithmen zur Lösung der Differentialgleichungen des Problems beinhalteten und vom Spezifizierer selbst verfaßt wurden, untersucht.

Die Programme hatten einen Umfang von über 600 PL/1-Befehlen. Die Projektstruktur ist in Abb. 4.3-2 wiedergegeben.

Die sieben Varianten wurden zu zwölf 3er Kombinationen zusammengefaßt, so daß jeweils jede der drei Problemlösungsmöglichkeiten in jeder Kombination einmal vertreten war. Der Test mit 32 Testfällen ergab:

384	Testfälle, davon
290	Testfälle, bei denen alle drei Varianten korrekt waren,
71	Testfälle, bei denen eine Variante falsch war,
18	Testfälle, bei denen zwei Varianten falsch waren, und
5	Testfälle, bei denen alle drei Varianten falsch waren.

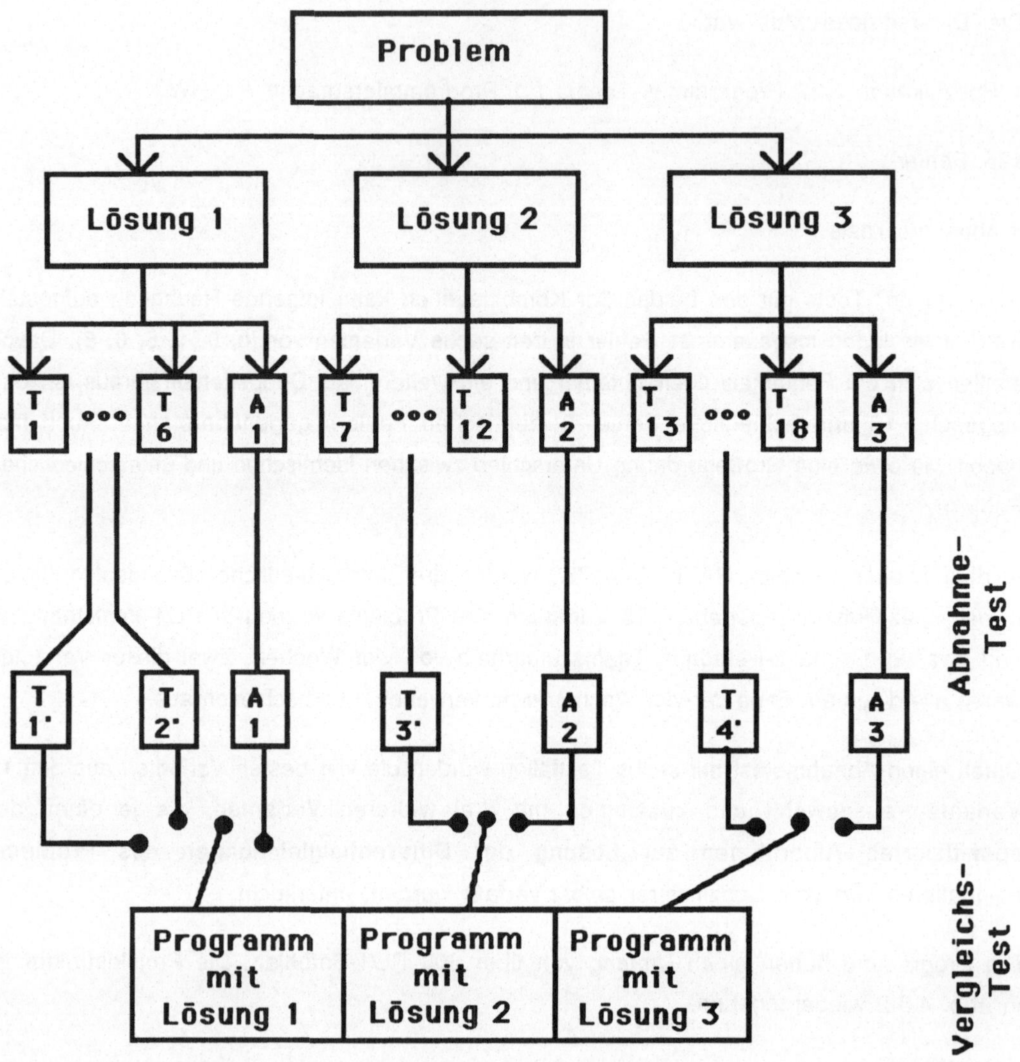

Abb. 4.3-2:   **Projektstruktur von UCLA I**
T1, ..., T18:   Programme von Team1, ..., Team 18
A1, ..., A3:   Programme vom Autor der
Spezifikation

Dabei wurden aber keine Aussagen über die Identität der fehlerhaften Resultate gemacht. Bei den 71 Testfällen, bei denen nur eine Variante fehlerhaft war, kam es zwölf mal zu keinem positiven Gesamtergebnis, da die fehlerhafte Variante zu einem Systemabbruch führte. Hier wurde also das Ablaufsystem so negativ beeinflußt, daß keine Funktionsfähigkeit mehr gegeben war. Dies zeigt, daß das Ablaufsystem robust gestaltet sein muß, um derartige

Fehler abfangen zu können, damit eine einzelne fehlerhafte Variante keinen Totalausfall eines redundanten Systems verursachen kann.

Als durchschnittliche Fehlerwahrscheinlichkeit einer Variante ergab sich 0,2448 (94 von 384), und als Wahrscheinlichkeit für einen Doppelfehler 0,0599 (23 von 384).

Die Diversitätsstruktur war:

3 Spezifikationen / 18+1 Programmierer / 1 Programmiersprache / 2 Teststufen / 1 HW

94 Fehler bei 384 Testläufen / 23 identische Fehler

6 Abnahme-Tests / 32 Vergleichs-Tests

In diesem Beispiel zeigt sich auch wieder, daß die Zahl der identischen Fehler bedeutend geringer ist als die der einfachen Fehler, aber der Unterschied ist mit 1:4 geringer als eine Größenordnung. Dies ist erstaunlich und entspricht nicht der Erwartung, aufgrund der diversitären Spezifikation auch diversitäre Programme zu erhalten.Es ist nicht ersichtlich, worauf dieses unerwartete Verhalten beruht.

4.4   Zweites UCLA-Experiment

Beim zweiten Experiment an der UCLA wurde mehr Gewicht auf die Spezifikation gelegt /Kelly82/. Das Problem, ein Flugplan mit Reservierungssystem, wurde in drei unterschiedlichen Formen spezifiziert: in OBJ als formaler Sprache /Goguen79/, in PDL als nicht formaler Sprache /Caine75/ und in umgangssprachlichem Englisch.

Von den 32 Programmierern, die sich zu Beginn an diesem Projekt beteiligten, lieferten nur 18 ein lauffähiges Programm ab. Die Größe der Spezifikation variierte von 10 bis 74 Seiten, die der Programme variierte zwischen 200 und 700 PL/1-Befehlen.

Die Abb. 4.4-1 zeigt die Projektstruktur. Bei der Einteilung der einzelnen Programmierer auf die drei unterschiedlichen Spezifikationen wurde versucht, alle drei Bereiche mit etwa der gleichen Mischung aus erfahrenen und unerfahrenen, guten und schlechten Programmierern zu besetzen.

Nach dem Abnahmetest mit neun Testläufen wurden mit jedem Programm 100 Testläufe gemacht, und zwar mit den identischen Testfällen für alle Programme. Von diesen 1.800 Testläufen waren 27% fehlerhaft. Die Ergebnisse wurden dann in allen möglichen 3er Kombinationen ausgewertet und die Zahl der korrekten und der fehlerhaften Läufe ermittelt.

Dabei wurden die Ergebnisse in drei Klassen eingeteilt:

1.   Mehrheit korrekt
2.   Fehler und keine Mehrheit
3.   fehlerhafte Mehrheit.

Bei den insgesamt 81.600 Testfällen - 816 3er Kombinationen jeweils mit 100 Testdaten - ergaben sich

    78,5% (64.062)   in Klasse 1
    18,4% (15.042)   in Klasse 2
     3,1% (2.496)   in Klasse 3.

Nur 36.665 Testläufe (=44,9%) waren vollkommen fehlerfrei. Die Fehler in der Klasse 3 sind dabei die als gefährlich einzustufenden Fälle, da sie unerkannt sind bzw. sich negativ innerhalb des Systems auswirken können.

Bei der Analyse der Ursachen der identischen Ausfälle wurden 21 Fehler in den Programmen entdeckt, die teilweise in bis zu sechs Varianten auftauchten. Davon waren fünf Spezifikationsfehler, neun Interpretationsfehler - die teilweise auch als Spezifikationsfehler betrachtet werden können - und sieben Implementierungsfehler. Die Ursachen der Einzelfehler wurden nicht untersucht, die Gesamtzahl der Fehler in den Programmen also nicht ermittelt.

Die Diversitätsstruktur für dieses Experiment ist:

3 Spezifikationen / 18 Programmierer / 1 Programmiersprache / 2 Teststufen / 1 HW

21 identische Fehler

9 Abnahme-Tests / 100 Vergleichs-Tests

Dieses Experiment zeigt wieder, daß der Anteil an identischen Fehler um mehr als eine Größenordnung kleiner ist als die Gesamtzahl der Fehler. In den 81.600 Testfällen haben wir 44.935 mit einem fehlerhaften Ergebnis, wovon 2.496 zu einer fehlerhaften Mehrheit führten, also identische Fehler beinhalteten. Das leifert ein Verhältnis von 1:18 von der Zahl der Testfälle mit identischen Fehlern zur Gesamtzahl der fehlerhaften Testfälle.

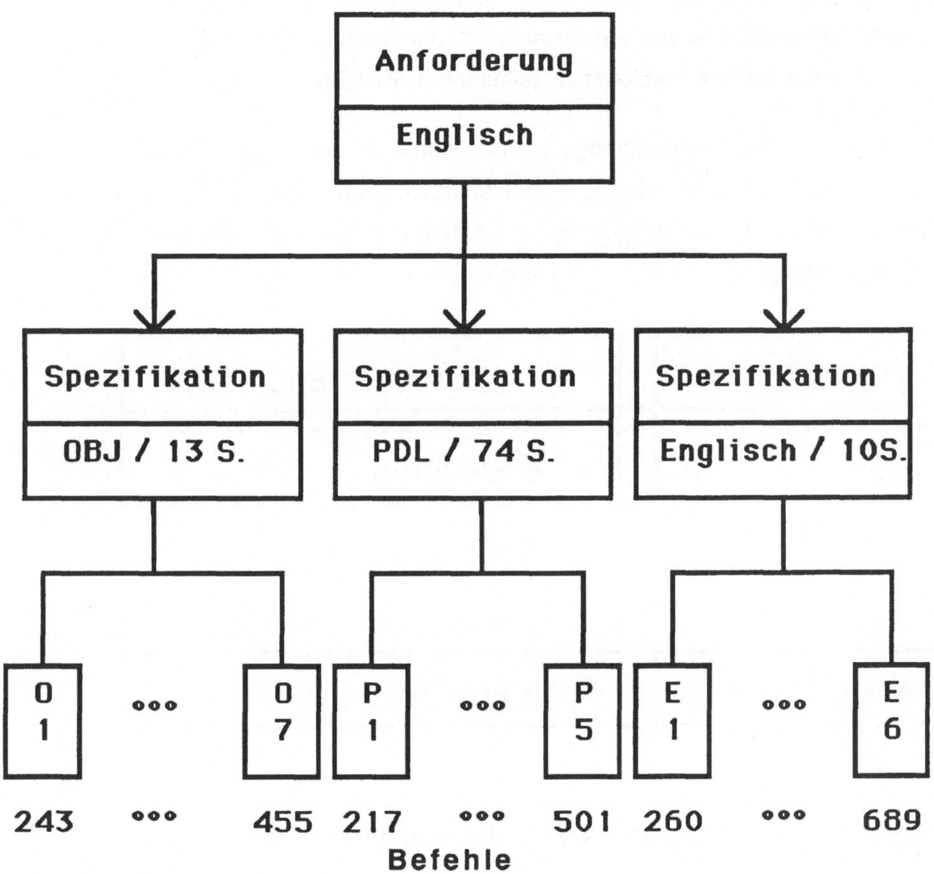

Abb. 4.4-1: Projektstruktur von UCLA II

Die Ursache dafür, daß dieses Verhältnis kleiner ist als beim UVA/UCI-Experiment (vgl. Kap. 4.2) mit 1:13 kann in der diversitären Spezifikation in diesem Experiment gesehen werden.

Beachtet werden muß auch das Ergebnis, daß von den untersuchten Programmfehlern einige in sechs von 18 Varianten identisch auftrat. Dieses Ergebnis liegt in derselben Größenordnung wie beim UVA/UCI-Experiment, wo ein Fehler in sieben der 27 Varianten identisch war. Aufgrund der diversitären Spezifikation hätte man aber eher erwartet, daß diese Zahl im UCLA-Experiment niedriger ausfallen würde.

4.5 Vier-Universitäten-Experiment

Von der Universität von Californien, Los Angeles (UCLA), der Universität von Virginia (UVA), der North Carolina State Universität (NCSU) sowie der Universität von Illinois - Urbana Champaign (UIUC) wurde ein Experiment durchgeführt, an dem unter der Leitung der NASA noch zwei weitere Institutionen teilnahmen /Kelly86/.

Das Problem, ein Flug-Beschleunigungsmesser, wurde in umgangssprachlichem Englisch spezifiziert. An jeder der vier beteiligten Universitäten wurde in jeweils fünf 2-Personen-Teams eine Variante in Pascal programmiert. Dazu waren zehn Wochen Zeit gegeben. Der entsprechende Phasenplan ist in Abb. 4.5-1 angegeben.

Phase	Zeitaufwand
Entwurf	4 Wochen
Codierung	2 Wochen
Test	2 Wochen
Abnahme	2 Wochen

Abb. 4.5-1: Phasenplan vom 4-Uni-Experiment

Die Abwicklung des Projektes erfolgte nach einigen Regeln, die ebenfalls für die beteiligten Universitäten identisch waren. So wurden Fragen und Antworten zur Spezifikation nur in schriftlicher Form abgewickelt. Alle Fragen und die zugehörigen Antworten wurden an alle Programmiererteams verteilt.

Der Entwurf endete mit einem Entwurfs-Review, dem außer dem jeweiligen Entwicklungsteam u. a. der lokale Projektleiter an der Universität als stiller Beobachter beiwohnte.

Während der Codierungs- und Testphase unterlag der Code einer Versionsführung, so daß die Entstehung und die Fehlerbeseitigung dokumentiert wurde und nachvollzogen werden konnte.

Die Programmierer wurden mit vier Testdatensätzen versorgt, mit denen sie ihre Programme für den Abnahmetest vorbereiten konnten.

Der Abnahmetest selbst bestand aus 75 Testdatensätzen, die für alle Programme identisch waren. Die Programme wurden von den Programmierern ggf. korrigiert, bis sie den Abnahmetest, der von einem unabhängigen Tester zentral durchgeführt wurde, fehlerfrei durchliefen.

Abb. 4.5-2 zeigt die Projektstruktur dieses Experiments. Die Diversitätsstruktur ergibt sich zu

1 Spezifikation / 20 Programmier-Teams / 1 Programmiersprache / 4 (?) HW

4 Vor-Tests / 75 Abnahmetests / 1.000 Vergleichstests

Ähnlich wie im UVA/UCI-Experiment ergab sich auch hier ein unterschiedliches Verhalten von einigen Varianten bei der Verwendung von verschiedenen Übersetzern (Pascal-Compiler und Pascal-Interpreter), das sich auf die Ergebnisse auswirkte.

Im Anschluß an den Abnahmetest wurden verschiedene Experimente mit den 20 Varianten gemacht, z. T. auch unter Benutzung des an der UCLA entwickelten Systems DEDIX /Avizienis85/, das den parallelen Ablauf von mehreren Varianten innerhalb eines Rechnernetzes unterstützt. DEDIX versorgt die einzelnen Varianten mit den Eingabedaten, nimmt die Zwischenergebnisse und Endergebnisse entgegen, macht einen Vergleich sowie eine Mehrheitsbewertung dieser Ergebnisse und erstellt eine Statistik über den gesamten Ablauf.

Während der Programmentwicklung gab es einige Probleme mit der Spezifikation und dem Frage-Antwort-Ablauf. Die Spezifikation war nicht ausgereift, und von den Programmierern wurden einige Unklarheiten und Fehler entdeckt, die im Verlauf des Projektes korrigiert wurden. Der Umfang der Fragen und Antworten zur Spezifikation war zum Schluß doppelt so groß wie die ursprüngliche Spezifikation selbst (vgl. Abb. 4.5-3).

Es hat in den zwanzig Programmen einige Fehler gegeben, die in mehreren Varianten gleichzeitig auftraten, aber bei den bisherigen Untersuchungen ist noch kein Fehler aufgetreten, der die Mehrzahl, geschweige denn alle der Varianten gleichzeitig betraf. Die endgültigen Ergebnisse dieses Experiments liegen noch nicht vor.

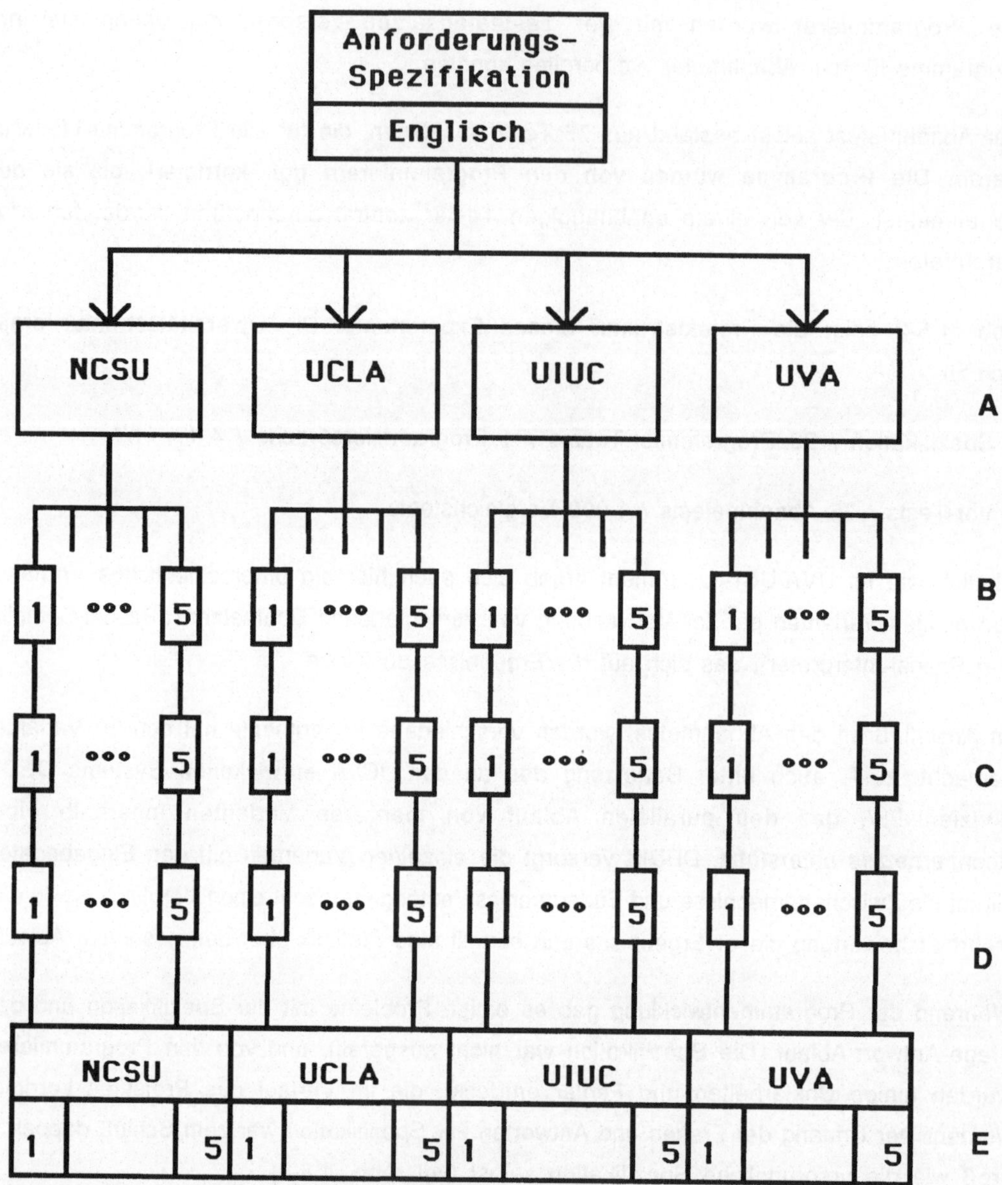

Abb. 4.5-2: **Projektstruktur des 4-Uni-Experiments**
A: Lokale Projektleitung
B: Programm-Entwicklung
C: Programm-Test (4 Testfälle)
D: Abnahme-Test (75 Testfälle)
E: Vergleichstest

Spezifikation	**60 Seiten**
Fragen & Antworten zur Spezifikation	**120 Seiten**
Anzahl der Varianten	**2 0**
Programmgrößen	**1.600 - 4.800 LOC**
Laufzeit (normalisiert)	**1 - 16**
Fehler beim Abnahmetest	**2 - 9**
Fehlerhafte Testläufe (Vergleichstest)	**100 von 100 - 0 von 1000**
Zusätzliche Korrekturen nach dem Vergleichstest	**2 - 5**
Fehlerhafte Tests der korr. Varianten	**0 von 100.000**

Abb. 4.5-3: Wesentliche Zahlen zum 4-Uni-Experiment

In einer ersten Auswertung wurden mit den 20 Varianten jeweils 1.000 Testläufe gemacht und die Werte der 64 Ausgabegrößen miteinander verglichen. Die Ergebnisse wurden auf verschiedene Weise analysiert und interpretiert /Dorato86/. Einige wesentliche Aspekte sollen hier wiedergegeben werden.

Die einzelnen Ergebnisse wurden zunächst in Äquivalenzklassen eingeteilt, wobei ähnliche Werte, d. h. solche, die der Voter als gleichwertige akzeptierte, in eine Äquivalenzklasse kamen. Dabei ergab sich, daß in 94% der Fälle eine Mehrheit von mindestens 11 Varianten in einer Äquivalenzklasse war, während in den restlichen 6% der Fälle die größten Äquivalenzklassen weniger als 11 Varianten enthielten. In 10% davon, also in 0,6% der Fälle, gab es keine eindeutige größte Äquivalenzklasse, war also überhaupt keine Mehrheitsentscheidung möglich.

Bei dieser Untersuchung waren die Ergebnisse davon abhängig, in welcher Form die Ausgaben vom Voter verarbeitet wurden: getrennt als 64 Einzelwerte oder gemeinsam als ein Wert. Wenn die aus 64 Einzelwerten bestehende Ausgabe jeder Variante als ein Wert insgesamt verglichen wurde, war nur eine Variante in der Mehrzahl der Testfälle korrekt, und im Durchschnitt waren die Varianten in 88% der Testfälle fehlerhaft. Wurden hingegen die 64 Einzelwerte der Ausgabe alle getrennt bewertet, d. h. statt einer Bewertung je Testfall also 64 Bewertungen je Testfall, so war nur eine Variante in der Mehrzahl der Bewertungen fehlerhaft, und im Durchschnitt waren die Varianten in 84% der Fälle korrekt. Die Ergebnisse hatten sich also umgekehrt.

Diese Aussage zeigt, wie wichtig die Art des Vergleichers und die Granularität der Bewertung für die Auswertung ist. Unterschiedliche Granularität beim Vergleich resultiert in unterschiedlicher Bewertung der Ergebnisse. Eine ähnliche Beobachtung haben wir bereits beim UCI-UVA-Experiment (vgl. Kap. 4.2) gemacht, wo bei einer Auswertung nur das gleichzeitige Fehlerhaftsein gewertet wurde und bei einer zweiten Auswertung die Gleichheit der Ausgaben mit analysiert wurde.

Die Ergebnisse der 1.000 Testfälle wurden dann als TMR-System beurteilt. Bei TMR sind sieben verschiedene Kombinationen beim Ergebnisverhalten möglich, die sich in drei Klassen zusammenfassen lassen (vgl. Abb. 4.5-4).

Für die insgesamt 1.140 3er Gruppen, die sich aus den zwanzig Varianten bilden lassen, ergaben sich korrekte Mehrheiten (Klasse A) in 89%, fehlerhafte Mehrheiten (Klasse B) in 3% und keine Mehrheiten (Klasse C) in 8% der Fälle. Hierbei wurde für jeden der 64 Einzelwerte einer Ausgabe getrennt ein Vergleich durchgeführt und somit auch getrennt gezählt (64 Werte * 1.000 Testläufe * 1.140 Gruppen = 72.960.000 Fälle).

Die in Abb. 4.5-5 aufgeführten Daten zeigen, daß die TMR-Systeme sowohl bezüglich Korrektheit als insbesondere bezüglich Sicherheit eine Verbesserung gegenüber der einzelnen Variante darstellen. Allerdings ist zu beachten, daß es auch Einzelfälle gab, in denen das TMR-System schlechter abschnitt als eine seiner Einzelvarianten.

Für die einzelnen Varianten (Fall I) gab es nur die Bewertung 'korrekt' (Klasse A). Bei den TMR-Kombinationen konnte 'Korrektheit' und 'Sicherheit' betrachtet werden. Im Fall II wurde zunächst die Korrektheit betrachtet und für die entsprechenden extremen Kombinationen auch die Werte für die Sicherheit angegeben. Im Fall III wurden die extremen Kombinationen bzgl. Sicherheit betrachtet. Die zugehörigen Korrektheitswerte sind in /Dorato86/ nicht angegeben.

Nr.	Ergebnis der Alternativen			Klasse	Gesamtergebnis
1	K	K	K	A	Korrekt
2	K	K	F1	A	Korrekt
3	K	F1	F1	B	Fehler
4	F1	F1	F2	B	Fehler
5	F1	F1	F1	B	Fehler
6	F1	F2	K	C	keine Mehrheit
7	F1	F2	F3	C	keine Mehrheit

Abb. 4.5-4: **Klasseneinteilung der Ergebnisbewertung eines TMR-Systems**
K: Korrekt
F: Fehler (Fi ≠ Fj für i ≠ j)

Bei der Interpretation dieser 1.000 Testfälle (bzw. 64.000 Fälle bezogen auf die Einzelwerte) wurde keine Korrelation zwischen den Universitäten und den identischen Fehlern festgestellt, d. h. es bestand kein wesentlicher Unterschied in der Verteilung identischer Fehler innerhalb einer Universität und zwischen den Universitäten. Dieser Diversitätsfaktor hat sich also nicht merklich ausgewirkt.

Bei einer weiteren Auswertung der fünf an der UCLA entwickelten Programme mit 200.000 Testläufen stellte sich heraus, daß zwei Varianten in 96 der 200.000 Testläufe identische fehlerhafte Resultate lieferten, aber aus unterschiedlichen Gründen zu diesen fehlerhaften Resultaten kamen. Die Programmierungsfehler waren verschieden /Avizienis88/.

		Korrekt (Klasse A)	Sicher (Klasse A+C)
I	Beste Variante	96,0%	
	Schlechteste Variante	42,9%	
	Durchschnitt	83,9%	
II	Beste korrekte TMR-Kombination	98,2%	99,0%
	Schlechteste korrekte TMR-Kombination	57,3%	96,5%
	Durchschnitt	89,3%	97,1%
III	Beste sichere TMR-Kombination		99,8%
	Schlechteste sichere TMR-Kombination		91,7%
	Durchschnitt		97,1%

Abb. 4.5-5: **Auswertungsbeispiel des 4-Uni-Experiments**
Anteil der Fälle, in denen die Variante bzw. TMR-Kombination
korrekt oder sicher war (Klassen gemäß Abb. 4.5-4)

Insgesamt gesehen ergaben sich die in Abb. 4.5-6 gezeigten Fehlerwahrscheinlichkeiten für die einzelnen Varianten sowie die durchschnittliche Fehlerwahrscheinlichkeit für eine Variante von 0,000986 und die durchschnittliche Fehlerwahrscheinlichkeit für einen identischen Doppelfehler in einer 2er Kombination von 0,000048.

Variante	Fehler	Fehler-Wahrscheinlichkeit (Fehler pro 200.000 Tests)
UCLA-1	1	0.000 005
UCLA-2	0	0.000 000
UCLA-3	702	0.003 510
UCLA-4	283	0.001 415
UCLA-5	0	0.000 000

Abb. 4.5-6: **Fehlerwahrscheinlichkeiten bei 200.000 Testläufen**

Bei den 200.000 Testläufen ergab sich ein Verhältnis von 10:1 zwischen allen Fehlern und den identischen Fehlern.

Dieses Experiment kann noch nicht abschließend bewertet werden, da noch keine Endergebnisse der Auswertungen vorliegen. Als ein Vorteil der Software-Diversität wird die Entdeckung von Spezifikationsfehlern genannt /Kelly88/, aber zugleich betont, daß der Spezifikation als Quelle von identischen Fehlern große Bedeutung zukommt und formale Verfahren eingesetzt werden sollten, um eine hohe Qualität der Spezifikation zu erreichen.

4.6 Halden-Experiment

Vom Halden Reaktor Projekt (Norwegen) und dem Technischen Forschungszentrum VTT (Finnland) ist ein gemeinsames Experiment zur Bewertung verschiedener Software-Engineering Methoden durchgeführt worden, in dem u. a. auch Software-Diversität verwendet wurde /Dahll79/. Als Anwendungsbeispiel wurde die Überwachung eines Kernreaktors gewählt.

Die Spezifikation wurde in umgangssprachlichem Englisch verfaßt. In zwei Teams wurden unabhängige Entwürfe nach unterschiedlichen Methoden gefertigt und zwar mit strukturierten Flußdiagrammen bzw. mit Pseudocode. Diese Entwürfe wurden in Pascal- bzw. Fortran-Programme umgesetzt.

Um die Effektivität verschiedener Programm-Analyse- und Testverfahren festzustellen, wurden die Programme von den Erstellern mit zusätzlichen künstlichen Fehlern versehen (error seeding) und anschließend ausgetauscht.

An den separaten Test der Programme schloß sich ein Vergleichstest an, bei dem nach drei unterschiedlichen Kriterien die Testdaten erzeugt wurden: zufallserzeugte lange Testsequenzen, zufallserzeugte Tests der Anfangsphase und Tests mit Daten aus Simulationsläufen.

Insgesamt wurden über 20.000 Testläufe in diesem Vergleichstest gemacht. Fehler, die während des Testens entdeckt wurden, wurden korrigiert. Im letzten Teil des Testens wurden keine weiteren Fehler aus früheren Phasen entdeckt, sondern nur zwei Fehler, die bei der Korrektur von Fehlern im Programm gemacht worden waren.

Die Projektstruktur dieses Experiments ist in Abb. 4.6-1 wiedergegeben.

Insgesamt wurden 53 Fehler im Fortran Programm mit 500 Zeilen und 101 Fehler im Pascal-Programm mit 1500 Zeilen gefunden. Der Unterschied ist sowohl durch die Größe der Programme als auch darin begründet, daß das Pascal-Team keine vorherige Erfahrung in der Pascal-Programmierung hatte.

Die Aufteilung der Fehlerentstehung und Fehlerentdeckung auf die vier Phasen Spezifikation, Programmierung, Programmanalyse und Vergleichstest zeigt, daß ein Viertel der Fehler im Vergleichstest aufgedeckt wurde, bezogen auf die Spezifikationsfehler sogar die Hälfte (vgl. Abb. 4.6-2). Dies deutet auf die Stärke des Vergleichstests hin. Dabei ist auch zu berücksichtigen, daß er als letzter angewendet wurde, diese Fehler also nicht durch die anderen vorhergehenden Verfahren aufgedeckt wurden.

Über die Zahl der identischen Fehler in den beiden Varianten wird keine Aussage in /Dahll79/ gemacht.

Die Diversitätsstruktur ergibt sich als

1 Spezifikation / 2 Programmier-Teams / 2 Entwurfssprachen / 2 Programmiersprachen / 2 Teststufen / 2 (?) HW

154 Fehler

20.000 Tests

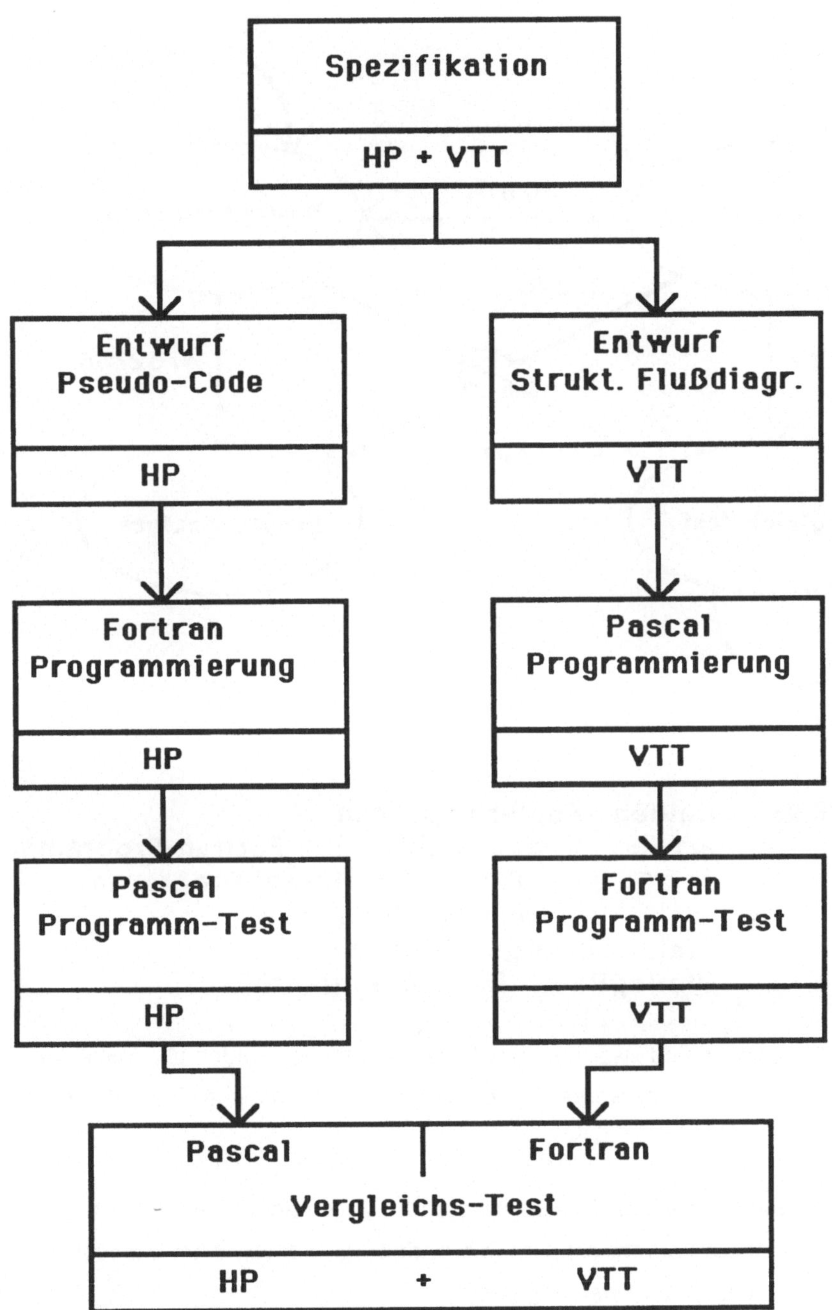

Abb. 4.6-1: Projektstruktur des Halden-Experiments

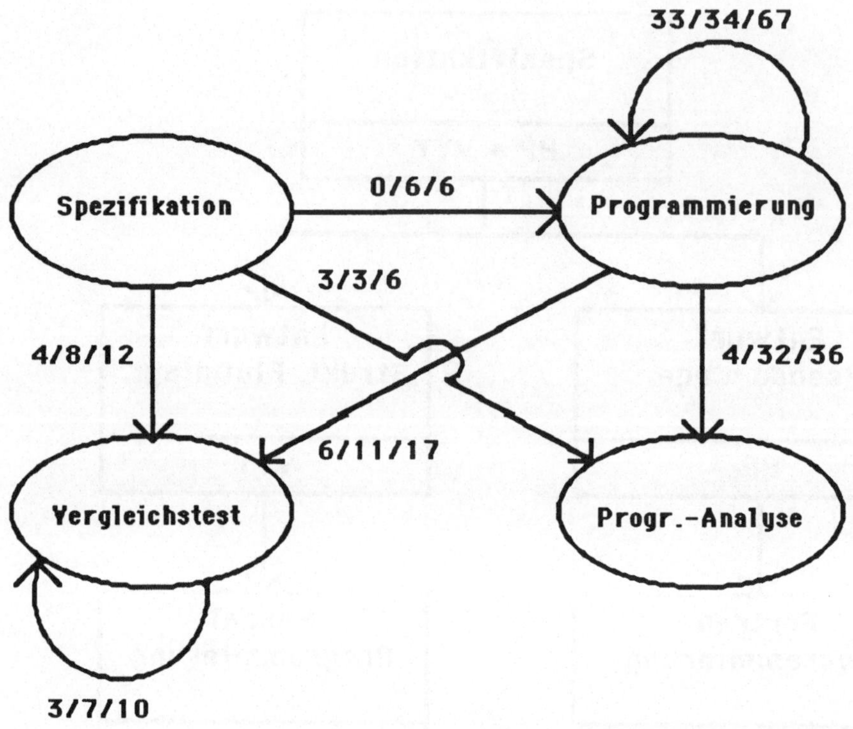

Abb. 4.6-2:   **Halden Fehlerdiagramm**
a/b/c: **a = Fehler im Fortran-Programm**
b = Fehler im Pascal-Programm
c = Summe der Fehler
Pfeilursprung: Fehlerort
Pfeilspitze: Entdeckungsort

In diesem Experiment sind zwar nur zwei Varianten erzeugt worden und keine Aussagen über identische Fehler gemacht worden, aber es können dennoch einige Erkenntnisse daraus gezogen werden.

Die höhere Fehlerzahl im Pascal-Programm liegt sicher nicht daran, daß Pascal fehleranfälliger ist als Fortran, sondern daran, daß das Pascal-Team ungeübt in Pascal war, während das Fortran-Team Erfahrung besaß.

Die Fehleraufdeckung war bei den beiden Varianten teilweise unterschiedlich für die Phasen, teilweise gleich. Der Vergleichstest fand prozentual gesehen jeweils gleichviele Fehler in den beiden Varianten, während bei der Programmierung und der Programmanalyse große Unterschiede zwischen den beiden Varianten bestanden. Dies deutet darauf hin, daß die

Werkzeugunterstützung bei Programmierung und Programmanalyse für die beiden Sprachen unterschiedlich ist. Beim Vergleichstest hingegen haben keine Sprachspezifika Bedeutung, beide Varianten werden gleichberechtigt getestet.

4.7 PODS - Project on Diverse Software

Ein weiteres internationales Projekt, an dem neben dem Halden Reaktor Projekt (HRP, Norwegen) und dem Technischen Forschungszentrum von Finnland (VTT) zwei englische Partner - das Safety and Reliability Directorate (SRD) und das Central Electricity Research Laboratory (CERL) - beteiligt waren, experimentierte unter dem Namen PODS - Project on diverse software - mit Diversität /Bishop85, Bishop88/.

Als Beispiel wurde wiederum ein Reaktorschutzsystem gewählt, das von SRD in umgangssprachlichem Englisch spezifiziert wurde.

Diese Anforderungs-Spezifikation wurde in zwei getrennten Teams umgeschrieben, zum einen wiederum informal, zum anderen unter Benutzung der Spezifikationssprache X /Dahll83/. Zusätzlich wurden für ein Teilproblem unterschiedliche Algorithmen von den beiden Teams verwendet.

Fehler, die von den einzelnen Teams in der ursprünglichen Anforderungs-Spezifikation gefunden wurden, wurden jeweils nur für das fehlermeldende Team korrigiert und nicht dem anderen Team mitgeteilt. So wurde eine unabhängige Entwicklung gewährleistet, aber auch in Kauf genommen, daß aufgrund der nicht korrigierten, fehlerhaften Anforderungs-Spezifikation entsprechende Fehler in der jeweiligen anderen Programm-Variante auftraten und ggf. erst später aufgedeckt wurden. Damit wurde hier anders vorgegangen als im 4-Universitäten-Experiment (vgl. 4.5), wo jede Fehlermeldung und jede Fehlerkorrektur an alle Beteiligten weitergegeben wurde. Im PODS-Experiment wurde somit eine größere Diversität der Ergebnisse bewirkt.

Insgesamt wurden etwa 90 Fehler in der Anforderungs-Spezifikation gefunden, davon 68 von CERL, 43 von HRP und 11 von VTT. Dies zeigt, daß während der Entwicklung durch die Diversität unterschiedliche Fehler in der Spezifikation entdeckt werden können. Mehr als 2/3 der Spezifikationsfehler wurden nur von jeweils einem Team entdeckt, und weniger als 1/3 der Fehler wurden von mehr als einem Team gleichzeitig entdeckt. Von einem Team wurden sogar nur 1/9 der Spezifikationsfehler während der Programmentwicklung aufgedeckt.

Der Entwurf und die Implementierung erfolgte in drei Teams, wobei Fortran und Assembler als Programmiersprachen benutzt wurden.

Die gesamte Entwicklung erfolgte mit ausführlicher Dokumentation, Anwendung verschiedener Entwicklungs- und Testmethoden sowie mit begleitender Qualitätskontrolle. Damit kann von einem hohen Standard bei diesem Experiment gesprochen werden, der einen Vergleich mit der industriellen Praxis nicht zu scheuen braucht.

Der Abnahmetest war für alle Programme identisch und vom Ersteller der Anforderungs-Spezifikation entworfen worden. Er umfaßte 672 Testdaten.

Im abschließenden Vergleichstest wurden die drei Varianten mit denselben Eingabedaten versorgt. Die Ergebnisse wurden nur auf Übereinstimmung verglichen, es wurde keine Korrektheitsbewertung der Ergebnisse gemacht. Insgesamt wurden 2472 systematisch ausgewählte Testfälle und 662.816 zufallserzeugte Testfälle durchgeführt.

Die Projektstruktur ist in Abb. 4.7-1 dargestellt. Dabei steht im unteren Teil der Blöcke jeweils das Team, das die im oberen Teil des entsprechenden Blocks angegebene Aufgabe durchgeführt hat.

Sobald ein Fehler, das heißt eine Nicht-Übereinstimmung der Ergebnisse der drei Varianten im Vergleichstest festgestellt wurde, wurde die Ursache gesucht und die fehlerhafte(n) Variante(n) korrigiert. Nach erneutem Abnahmetest wurde mit dem Vergleichstest wieder am Anfang begonnen. Die wesentlichen Daten zu den einzelnen Varianten sind in Abb. 4.7-2 zusammengestellt.

Während des Vergleichstests wurden neun Fehler entdeckt, wobei zwei Fehler in zwei Varianten identisch waren. Sechs Fehler hatten ihre Ursache in der Anforderungs-Spezifikation, einer in der X-Spezifikation, und zwei Fehler waren bei Korrekturen gemacht worden. Fehler, die in allen drei Varianten identisch waren, konnten mit dem Vergleichstest systembedingt nicht aufgedeckt werden. Hierfür wäre eine Überprüfung der Testergebnisse auf Korrektheit erforderlich gewesen, die bedeutend aufwendiger als der hier gewählte Vergleichstest ist.

Die Zusammenhänge zwischen Fehlerentstehung und Fehlerentdeckung ist für die drei Varianten in Abb. 4.7-3 gezeigt. Dabei muß aber wieder berücksichtigt werden, daß ein

Team keine Fehler während der Implementierung gezählt hat und die Zahl der während der Codierung gemachten und entdeckten Fehler größer sein müßte.

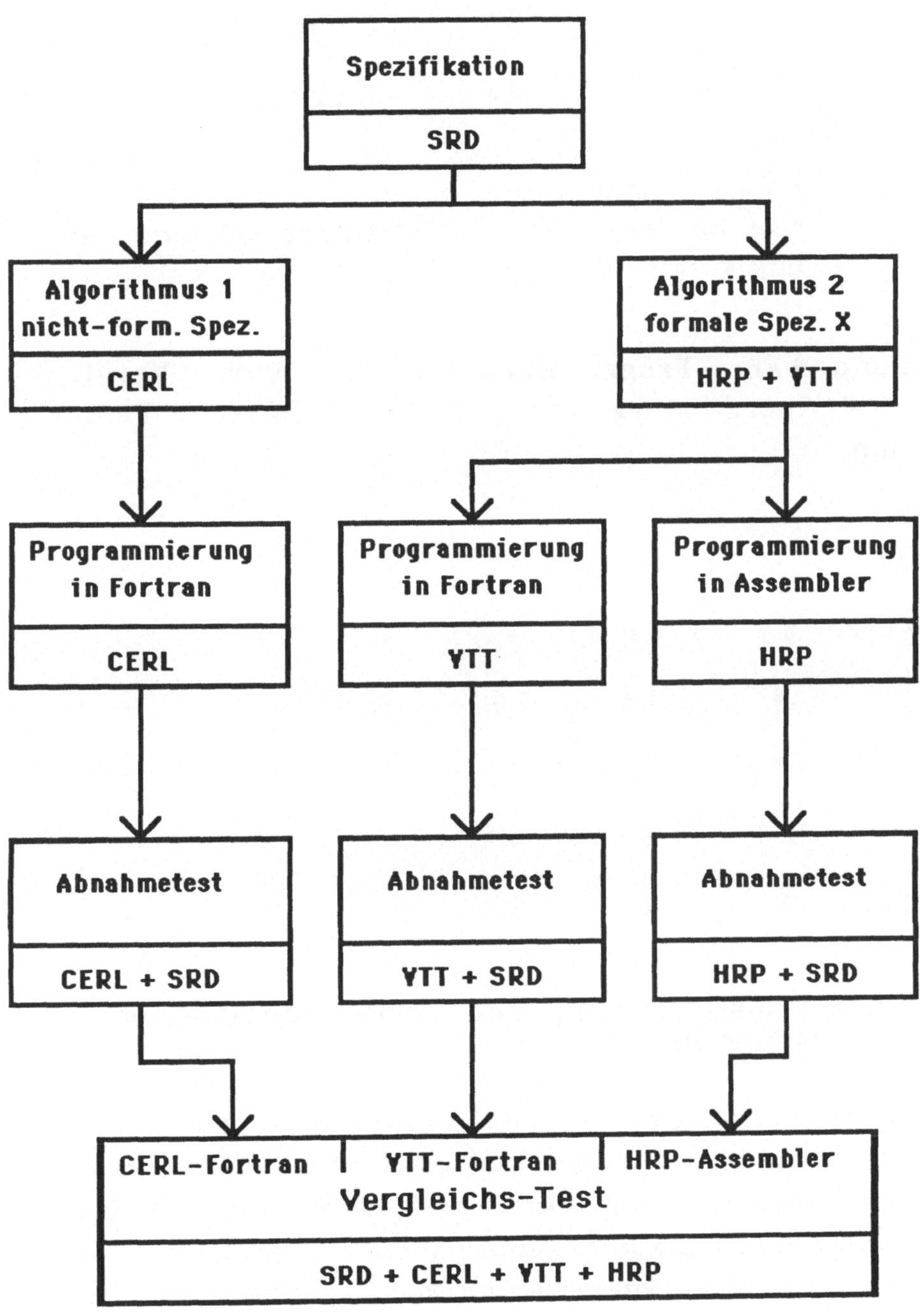

Abb. 4.7-1: PODS Projektstruktur

Team	Sprachen	Fehler	LOC
CERL	Fortran	25	859
HRP	Assembler	87	1.906
VTT	Fortran	5+	477

Abb. 4.7-2: **Programm-Daten von PODS**
(+: bei VTT keine Fehlerzählung während der
Implementierung)

Entstehung / Entdeckung	Anf. Spez.	Progr. Spez.	Entw.	Code	Abn. Test	Vergl. Test
Anf.-Spez.	-	-	-	-	-	-
Progr.-Spez.	87	66	-	-	-	-
Entwurf	4	33	36	-	-	-
Code	3	45	8	108	-	-
Abn. Test	20	6	4	8	5	-
Vergl.-Test	8	1	0	0	0	2

Abb. 4.7-3: **Fehlerentstehung und Fehlerentdeckung im**
PODS-Projekt

Der Aufwand, der zur Erstellung der drei Varianten erforderlich war, betrug 2259 Stunden, wovon 366 Stunden auf die Anforderungs-Spezifikation und den Abnahmetest entfielen, Aktivitäten, die unabhängig von der Diversität sind. Für eine einzelne Variante sind durchschnittlich 987 Stunden erforderlich gewesen. Dreifache Diversität kostete also etwa das 2,3-fache gegenüber einer Einzelimplementierung. Diese Vergleichszahlen lassen die allgemeinen Projektkosten des Experiments unberücksichtigt.

Durch die Verwendung von zwei unterschiedlichen Fortran-Compilern wurden zusätzlich zwei Fehler in einem Fortran-Compiler entdeckt.

Insgesamt gesehen wurde der Einsatz von Diversität als positiv bewertet. Das beruhte nicht nur auf der Fehlerstatistik, sondern auch auf der Möglichkeit, mit den Programmen durch parallele Ausführung und Ergebnisvergleich ohne großen Aufwand und damit ohne große Kosten eine große Zahl von Testläufen machen zu können.

Als Diversitätsstruktur ergab sich

1 Spezifikation / 2 Spezifikations-Teams / 2 Spezifikationssprachen / 3 Programmier-Teams / 2 Programmiersprachen / 3 Compiler / 2 Algorithmen / 2 Teststufen / 3 (?) HW

90 Spezifikationsfehler / 117 Programmfehler / 2 identische Fehler

672 Abnahme-Tests / 665.000 Vergleichs-Tests

In Diskussionen wird häufig geäußert, daß die Diversität nur gegen Programmierfehler, nicht aber gegen Spezifikationsfehler schützt. Dieses Experiment mit seinen Daten zeigt dagegen ausdrücklich, daß auch Spezifikationsfehler nicht in allen Varianten identisch auftauchen bzw. identische Auswirkungen haben müssen.

Eine weitergehende Analyse des Projekts /Bishop87/ hat ergeben, daß statistisches Testen am effektivsten war und die meisten (ca. 90%) der Fehler entdeckte, während mit der Prozeßsimulation nur etwa 40% der Fehler aufgedeckt wurden. Der Vergleichstest hat sich dabei als sehr kostengünstig erwiesen.

Die Untersuchung der Abhängigkeit von Fehlern hat ergeben, daß etwa 80% der Fehlerpaare als unabhängig und der Rest etwa zu gleichen Teilen positiv korreliert und negativ korreliert war. Bei der Analyse der positiv korrelierten Fehler stellte sich heraus, daß sie alle eine Ausgabe betrafen.

4.8 EPRI-Experiment

Von EPRI (USA) war gemeinsam mit der Universität von Californien in Berkeley sowie
einer Reihe von Firmen ein Experiment durchgeführt worden, das zwei diversitäre
Implementierungen zum Ziele hatte /So79, Ramamoorthy81, EPRI82/. Innerhalb des
Projektes wurde ein Teil eines Schutzsystems für einen Druckwasserreaktor realisiert.

Die Anforderungs-Spezifikation wurde von einem Reaktorspezialisten in
umgangssprachlichem Englisch verfaßt. In zwei getrennten Teams wurden die Entwürfe
unter Verwendung der Sprache RSL/REVS hergestellt. Zunächst wurden die Entwürfe von
jedem Team selbst geprüft und mit der Anforderungsspezifikation verglichen. Anschließend
wurden die beiden Entwürfe unter Mitwirkung eines dritten Teams miteinander verglichen,
um Fehlinterpretationen, Mehrdeutigkeiten usw. der Spezifikation zu erkennen.

Die Strukturen der beiden Entwürfe waren recht unterschiedlich und wurden, sofern nicht
fehlerhaft, auch nicht aneinander angeglichen, sondern unterschiedlich gelassen.

Von der Anforderungs-Spezifikation mußten sieben Revisionen gemacht werden, da über 100
Unzulänglichkeiten und Fehler in ihr entdeckt wurden, und zwar hauptsächlich in der
Entwurfsphase. Die meisten dieser Fehler und Unzulänglichkeiten wurden beim Vergleich der
beiden diversitären Entwürfe aufgedeckt.

Die erkannten Fehler in den Entwürfen wurden korrigiert, bevor die Entwürfe verfeinert
und, jeweils wieder in den zwei getrennten Teams, in Iftran-Programme (strukturiertes
Fortran) umgesetzt wurden.

Der resultierende Code umfaßte 775 bzw. 1117 Zeilen Fortran und war in etwa sechs
Wochen programmiert worden.

Mit den fertigen Programmen wurden Tests aufgrund verschiedener Kriterien und
Dokumente durchgeführt. In jeder Phase wurden zugehörige Testfälle beschrieben, in der
Anforderungsspezifikation auf dem höchsten Niveau, d. h. aufgrund der Aufgabenstellung, bis
hin zu der Programmentwicklung, wo die Testfälle entsprechend der einzelnen Moduln und
Pfade definiert wurden.

Außerdem wurden unterschiedliche Testverfahren angewendet, wie z. B. Walk-through,
statische Analyse, dynamische Analyse und Error seeding.

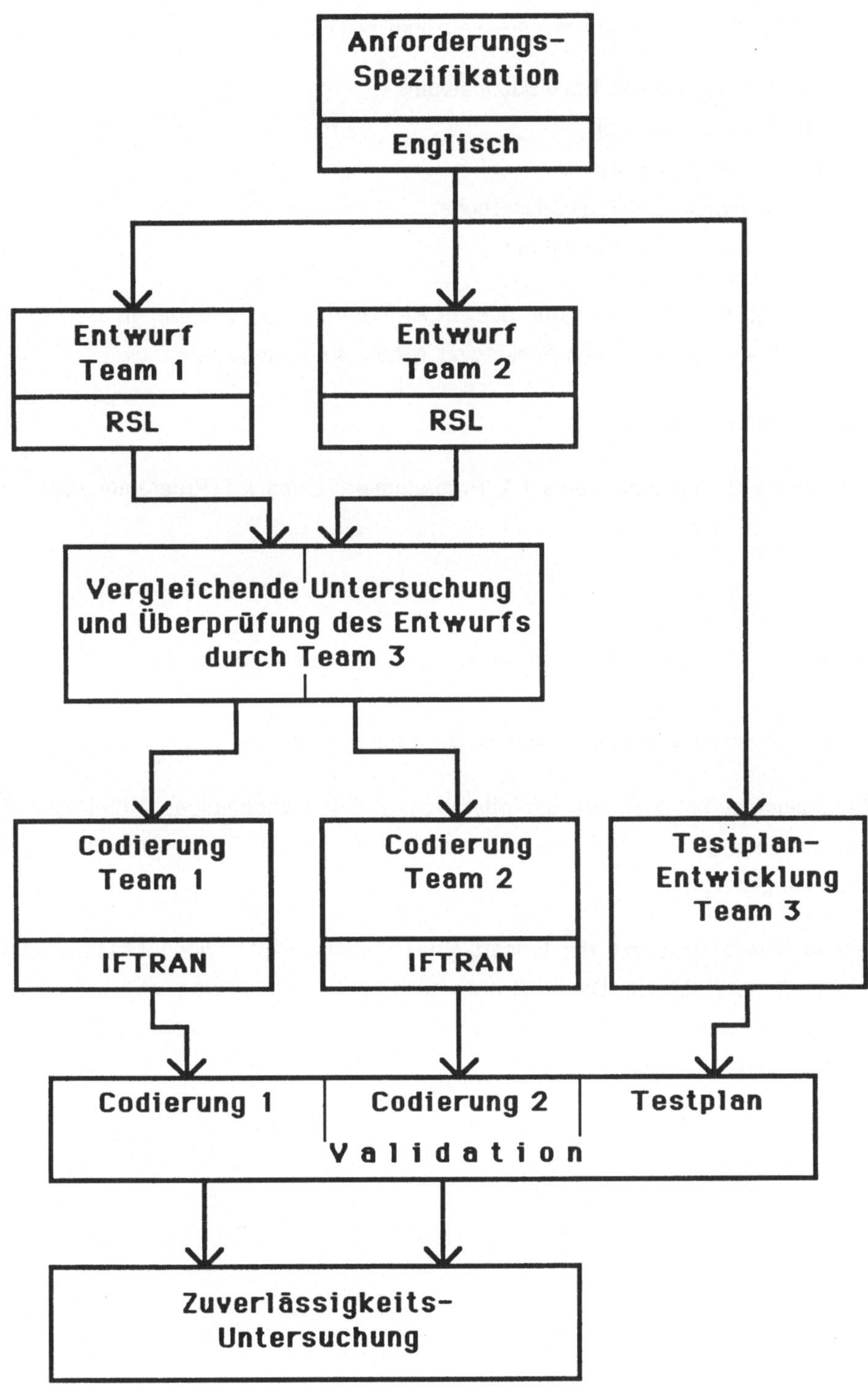

Abb. 4.8-1: Projektstruktur des EPRI-Experiments (nach /Ramamoorthy81/)

Die wesentlichen Punkte dieses Experiments waren folglich:

- zwei unterschiedliche Entwicklungsteams
- unabhängiges Testteam
- Überprüfung des Entwurfs
- Spezifikations- und Entwurfssprache
- unterschiedliche Testverfahren.

Abb. 4.8-1 zeigt die Projektstruktur des EPRI-Experiments, und die in den einzelnen Phasen gemachten und entdeckten Fehler sind in Abb. 4.8-2 dargestellt.

Als Diversitätsstruktur ergab sich:

1 Spezifikation / 2 Entwurfs-Teams / 2 Programmier-Teams / 1 Programmiersprache / 2 Teststufen / 2 (?) HW

214 Fehler

Auch in diesem Experiment hat sich wieder gezeigt, daß durch diversitären Entwurf und Implementierung Spezifikationsfehler aufgedeckt werden, die sonst erst in späteren Testphasen oder sogar erst im Betrieb entdeckt worden wären.

Der Vergleichstest hat sich als ein effektives und kostengünstiges Mittel zum Testen erwiesen, da ohne großen Aufwand und ohne Validierung der jeweiligen Einzelergebnisse viele Testläufe gemacht werden konnten.

Ein weiterer Diversitätsaspekt, der Einsatz eines dritten, unabhängigen Teams zum Testen erwies sich als sehr nützlich. Dabei ist aber auch mit von Bedeutung, daß unterschiedliche Verfahren und Werkzeuge zum Testen durch die Entwicklungsteams und durch das Testteam eingesetzt wurden.

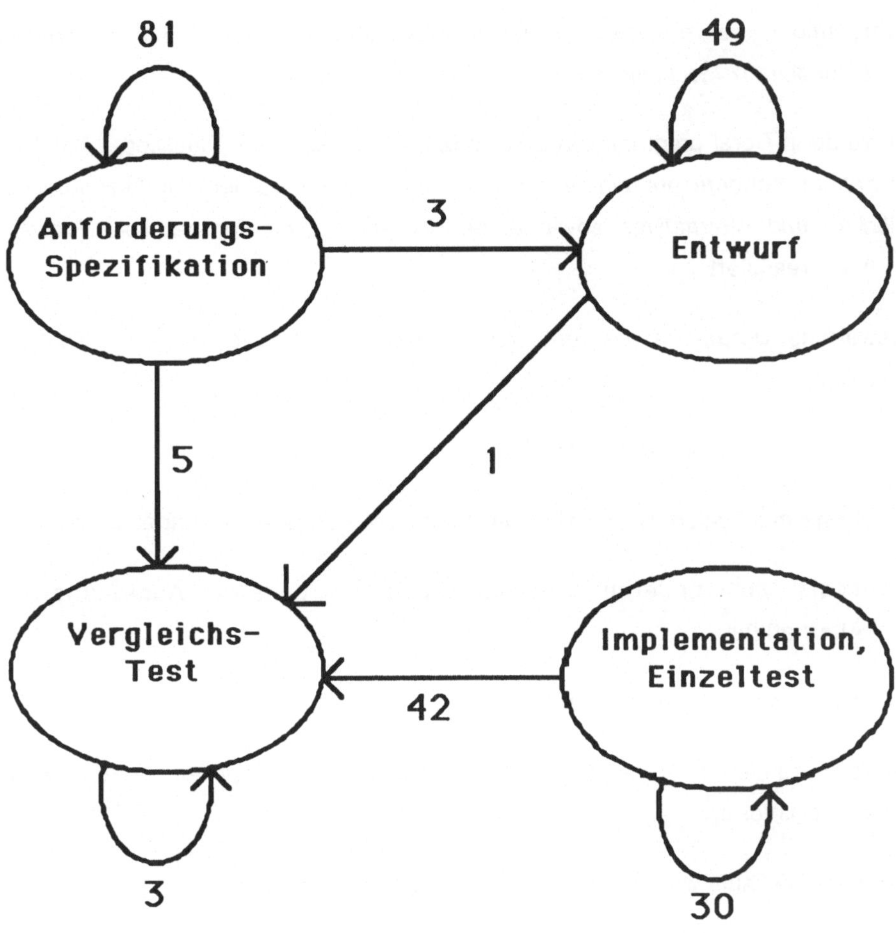

Abb. 4.8-2: **Fehlerdiagramm des EPRI-Experiments (nach /EPRI82/)**

4.9 Newcastle-Experiment

An der Universität von Newcastle upon Tyne (Großbritannien) wurde innerhalb eines Drei-Jahres-Projektes ein experimentelles System erstellt, bei dem Rücksetz-Blöcke (Recovery Blocks) eingesetzt wurden /Anderson85/. Als Anwendungsbeispiel wurde ein Marine-Kommando- und Kontrollsystem gewählt. Es wurde mit Akzeptanztests und Rücksetz-Blöcken implementiert. Beim Testen des Systems wurde untersucht, wie oft der Rücksetz-Block aktiviert wurde und ob er erfolgreich war. Während der experimentellen Auswertung konnten die Fehlertoleranz-Mechanismen ein- und ausgeschaltet werden.

Das System wurde in Coral programmiert und umfaßt ca. 8000 Zeilen Quellcode. Nicht das gesamte Programm, sondern nur einige kritische Teilprobleme wurden mit Akzeptanztest, Rücksetz-Blöcken und Alternativen sowie einer Erweiterung, die für parallele Prozesse erforderlich war, realisiert.

Bei der Auswertung wurden in vier unterschiedlichen Konfigurationen je 60 Testläufe gemacht:

T1.   Tests mit Fehlertoleranz-Mechanismen

T2.   Tests mit Fehlertoleranz-Mechanismen und verbesserter Betriebssoftware

T3.   Tests mit anderen Alternativen bzw. anderer Anordnung der Alternativen

T4.   Tests mit korrigierten Alternativen.

Dabei zeigte sich, daß die Konfiguration T4 zu gut war und keine ausreichenden Fehlerzahlen für die Auswertung lieferte.

Die Ergebnisse der Testläufe wurden nach folgendem Schema kategorisiert:

a. Erhöhung der Zuverlässigkeit:

Die Fehlertoleranz-Mechanismen (Akzeptanz-Test, Alternative) wurden erfolgreich benutzt und führten zu einer Erhöhung der Zuverlässigkeit. Ohne die Fehlertoleranz-Mechanismen wäre ein Fehler aufgetreten.

b. Keine Veränderung der Zuverlässigkeit:

Die Fehlertoleranz-Mechanismen sind entweder nicht aktiviert worden, oder sie sind im Fehlerfall erfolglos, d. h. auch nicht fehlerfrei, aktiviert worden, oder sie sind ohne Fehlerfall aktiviert worden, die Alternative hat aber fehlerfrei gearbeitet. In allen drei Fällen ergibt sich keine Änderung der Zuverlässigkeit.

<u>c. Erniedrigung der Zuverlässigkeit:</u>

Wenn die Hauptlösung korrekt gearbeitet hat, der Akzeptanztest jedoch fälschlicherweise einen Fehler meldet und die Alternative dann versagt oder ihr Ergebnis auch nicht akzeptiert wird, so resultiert der Fehlertoleranz-Mechanismus in einer Erniedrigung der Zuverlässigkeit.

Bei den Daten muß berücksichtigt werden, daß in einem Testlauf mehrere Fehler auftreten können, da es mehrere Akzeptanztests innerhalb eines Testlaufs gibt.

Die Aufteilung der Einzelergebnisse in den drei Testkategorien auf die Veränderung der Zuverlässigkeit ist in Abb. 4.9-1 gezeigt. Die Fehlertoleranz-Maßnahmen führten also weit häufiger zu einer Zuverlässigkeitssteigerung als zur Zuverlässigkeitserniedrigung.

	Test 1	Test 2	Test 3
Zuverlässigkeitserhöhung	40	34	91
Zuverlässigkeit unverändert	17	29	25
davon Fehler in 2 Alternativen	0	5	4
Zuverlässigkeitserniedrigung	4	4	0

Abb. 4.9-1: **Zuverlässigkeitsveränderung durch Fehlertoleranz-Mechanismen**
(Anzahl von Ereignissen während des Testens, die zu einer Veränderung führten)

Bei diesen Zahlen sind nur die Ereignisse aufgeführt, in denen die Fehlertoleranz-Mechanismen effektiv eingegriffen haben. Die Fälle, in denen die Hauptalternative korrekt war und vom Akzeptanztest entsprechend behandelt wurde, sind zahlenmässig nicht erfaßt.

Die entsprechenden Daten der Ausfallraten mit und ohne Fehlertoleranz-Mechanismen sind in Abb. 4.9-2 enthalten. Sie zeigen, daß durch die Fehlertoleranz-Mechanismen eine geringere Ausfallrate bzw. erhöhte MTBF zu verzeichnen ist.

Die identischen Fehler bei der Hauptlösung und der ersten Alternative sind nicht eindeutig beschrieben. Als mögliche Obermenge zu diesen Fehlern kann man die in Abb. 4.9-1 angegebenen Fehler in zwei Alternativen sehen, die zu einem Versagen des Systems führten.

1 Spezifikation / 2 Programmier-Teams / 1 Programmiersprache / 2 Algorithmen / 3 Teststufen / 1 HW

222 Fehler / < 9 identische Fehler

Ausfallrate mit Fehlertoleranz	**1,36/h**
Ausfallrate ohne Fehlertoleranz	**3,21/h**
MTBF mit Fehlertoleranz	**0,74 h**
MTBF ohne Fehlertoleranz	**0,31 h**
Aufgetretene Fehler	**222**
davon maskiert durch Fehlertoleranz	**165**
nicht maskiert	**57**

Abb. 4.9-2:   Daten vom Newcastle-Experiment

Die Alternativen sind aber nicht als globale Alternativen zu sehen, sondern bestehen aus mehreren kleinen lokalen Alternativen, die unabhängig voneinander aktiviert werden können.

Es gab Fälle, in denen erst durch den Akzeptanztest ein Ausfall auftrat. Das zeigt, daß auch der Fehlertoleranz-Mechanismus einen Fehler beinhalten und zu Fehlreaktionen führen kann, die ohne ihn nicht aufgetreten wären. Insgesamt gesehen hat die Anwendung von Akzeptanztest und Rücksetz-Block aber 70% der Ausfälle, die ohne sie aufgetreten wären, erfolgreich abgewendet. Es ist zu vermuten, daß bei einer Anwendung, die nicht im universitären, sondern im industriellen Bereich stattfindet, eine noch bessere Wirkung dieser Technik erzielt werden kann.

Es gab keinen Fall, in dem die Hauptlösung fehlerhaft war und der Akzeptanztest diesen Fehler nicht erkannt hat. Dies wäre sonst das Auftreten einer weiteren Kategorie von identischen Fehlern, die typisch für die Rücksetz-Block-Technik sind. Hier können nicht nur identische Fehler in den Alternativen, sondern auch identische Fehler in der Hauptalternative und im Akzeptanztest zu einer Fehlreaktion des Systems führen. Dies ist in etwa gleichbedeutend mit einem Fehler im Voter in einem NMR-System. Da der Voter aber in identischen Fehlern, die typisch für die Rücksetz-Block-Technik sind. Hier können nicht nur identische Fehler in den Alternativen, sondern auch identische Fehler in der Hauptalternative und im Akzeptanztest zu einer Fehlreaktion des Systems führen. Dies ist in etwa gleichbedeutend mit einem Fehler im Voter in einem NMR-System. Da der Voter aber in der Regel einfacher ist als ein Akzeptanztest und damit weniger fehleranfällig, kommt diese Fehlerkategorie bei RB eher vor als bei NVP.

4.10   Stellwerk Göteborg

Die erste reale Anwendung von Software-Diversität in einem System, das nunmehr seit vielen Jahren im Dauereinsatz ist, erfolgte bei der schwedischen Eisenbahn. Es handelt sich hierbei um ein Stellwerk mit einem diversitären System, das seit 1978 in Göteborg im Einsatz ist /Sterner78/. Inzwischen sind über 50 derartige Systeme im Einsatz, in erster Linie in Skandinavien.

Das System besteht aus zwei homogen redundanten Rechnern, die in sich jeweils die beiden diversitären Programme parallel ablaufen lassen. Die Programme sind von getrennten Teams entwickelt worden und arbeiten auf diversitären Datendarstellungen. Zudem ist die Diversität durch zusätzliche Regeln forciert worden /Hagelin88/.

Das System JZS 750 von LM Ericsson ist ein rechnergesteuertes Fahrstreckenverriegelungssystem. Es besteht aus zwei diversitären Programmen, die von zwei unterschiedlichen Porgrammierern erstellt wurden, das Programm A von einem jungen Programmierer nach den Regeln der strukturierten Programmierung, das Programm B von einem 'alten Hasen', der sich der Trickprogrammierung bediente. Die Unterschiede machen sowohl in der Programmgröße als auch in der Ausführungszeit etwa 50% Mehrbedarf für das Programm A aus. Als Programmiersprachen wurden Assembler und ein Subset von Fortran verwendet.

Beide Programme laufen sequentiell in demselben Rechner ab, arbeiten aber auf redundanten Repräsentationen der Daten: das eine Programm arbeitet mit der Originaldarstellung (4 bit), das andere mit den redundanten Prüfbits der redundanten Hammingcode-Darstellung (4 bit). Eine einmalige fehlerhafte Reaktion bzw. unterschiedliche Reaktion der beiden Programme ist zulässig, da sie auch auf Störungen in der Signalübertragung beruhen kann.

Falls im darauf folgenden Zyklus wieder keine einheitliche Reaktion vorliegt, erfolgt eine Fail-Safe-Aktion (in der Regel Rot-Signal).

Nach solch einer Fail-Safe-Aktion können die Programme die Kontrolle erst nach einem Operateur-Eingriff wieder übernehmen. Damit wird verhindert, daß nacheinander beide Programme in einen fehlerhaften Zustand kommen und gemeinsam zu einer fehlerhaften Reaktion führen. Nur der spontane Doppelfehler in beiden Programmen innerhalb von zwei Zyklen kann negative Folgen haben.

Bei der Erstellung und beim Testen der Programme wurde so vorgegangen, als ob das jeweilige Programm das einzige Programm sei. Es wurde kein Kredit von der diversitären Entwicklung genommen.

Die Programme besitzen keine Zwischenprüfpunkte, sondern nur die Endresultate werden von einem externen Vergleicher überprüft.

Bei einem Vergleichstest wurden folgende Fehler detektiert:

- Mehrdeutigkeiten in der Spezifikation
- Synchronisationsfehler
- Hardware-Zufallsausfälle
- verschiedene sonstige Fehler.

Während des letzten Testjahres vor Ort sind noch etliche Fehler gefunden worden, von denen etwa

- 1/3 schlechte Herstellung bzw. schlechte Programmierung
- 1/3 Spezifikation
- 1/3 schlechte Daten bzw. fehlerhafte Parameter bei der Systeminstallation

als Ursache hatten. Zwei Software-Wartungen mit Korrekturen waren in diesem Zeitraum erforderlich. Etwa 1/4 - 1/3 der Fehler sollen aufgrund der diversitären Implementierung entdeckt worden sein.

Die Struktur des Systems ist in Abb. 4.10-1 dargestellt. Auf der Sensorseite wird das Meßsignal in zwei zueinander redundante Darstellungen gewandelt, die an zwei getrennte Konzentratoren übertragen werden. Hier werden Adreßinformationen sowie weitere Kontrollbits für die Übertragung zum Rechner hinzugefügt.

Im Rechner verdoppelt der Übertragungsbaustein die ankommenden Meldungen und gibt je eine Meldung an die diversitären Programme A und B. Diese erhalten somit beide redundanten Darstellungen, vergleichen sie auf Übereinstimmung und errechnen ihr Ergebnis, das sie auf getrennten Wegen über Konzentratoren an die Stellglieder geben. Diese vergleichen dann erst die Ergebnisse der beiden Programme miteinander. Dieser zweite Voter ist also nicht im Rechner, sondern auf der Prozeßseite und kann somit auch noch Übertragungsfehler erkennen.

Die Diversitätsstruktur ist

1 Spezifikation / 2 Programmier-Teams / 2 Programmiersprachen / 2 Datendarstellungen / 2 Ausführungszeiten / 1 HW

Dieses Beispiel für den Einsatz von Diversität in einem sicherheitsrelevanten System zeichnet sich gegenüber anderen Beispielen u. a. dadurch aus, daß nur zwei diversitäre Programme entwickelt wurden und diese in einem Rechner nacheinander laufen. Da es sich hier um ein System mit einem sicheren Zustand handelt - alle Signale auf Rot -, ist der Einsatz eines fail-stop-Systems möglich. Dazu reichen zwei Redundanzen aus, da im Fall der Nichtübereinkunft der zwei Programme abgeschaltet werden kann, d. h. alle Signale in den sicheren Zustand Rot übergehen. Damit liegt hier strenggenommen kein fehlertolerantes System vor, sondern nur ein fehlererkennendes.

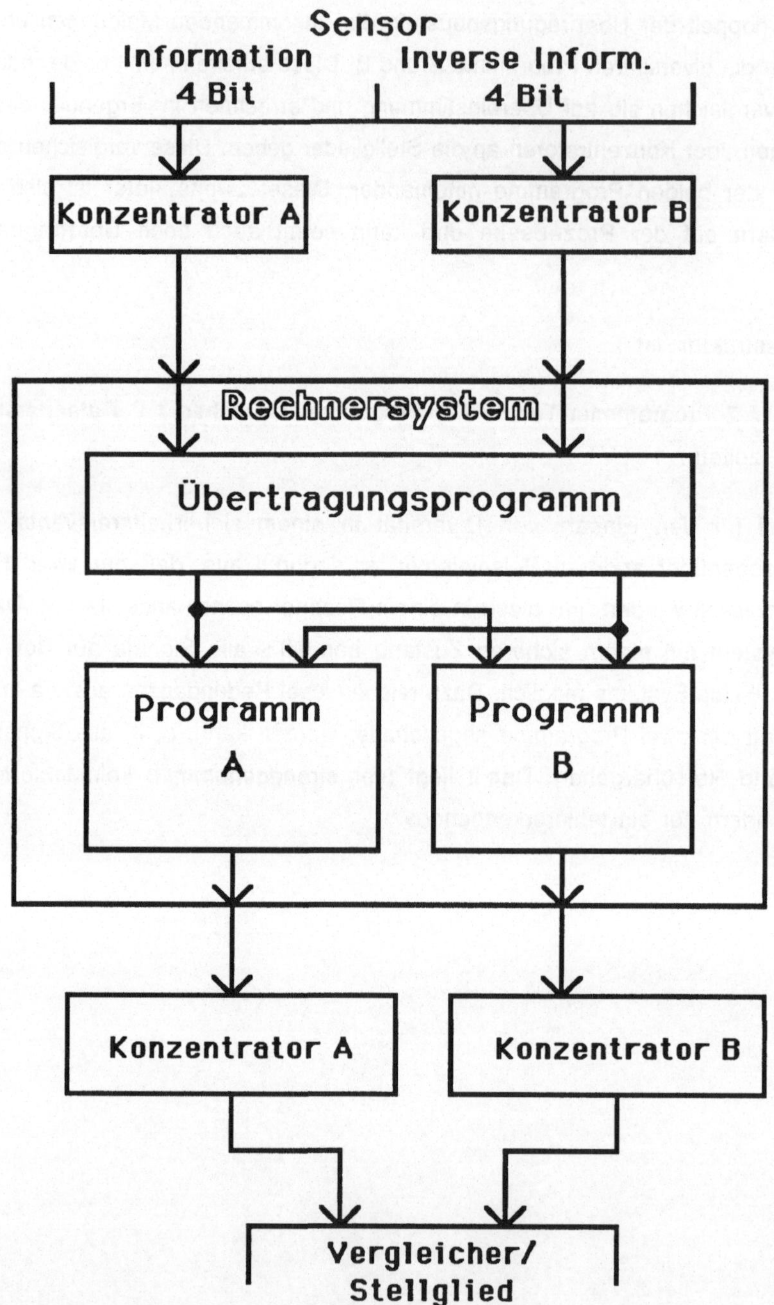

Abb. 4.10-1: Systemstruktur des Stellwerk-Rechners

4.11   LM Ericsson Zugsteuerung

Aufgrund der positiven Erfahrungen mit Software-Diversität beim o. g. Stellwerk-System wurde von LM Ericsson auch bei der automatischen Zugbeeinflussung (Automatic Train Control - ATC) Software-Diversität eingesetzt.

Die Software ist in Assembler und in PL/M geschrieben und hat eine Größe von etwa 32 KB Objektcode /Hagelin88/.

Die diversitären Programme wurden unabhängig voneinander entworfen, entwickelt und getestet. Ein drittes Team war unabhängig von den Programmierteams für den Systemtest verantwortlich (vgl. Abb. 4.11-1). Zur Qualitätskontrolle wurden neben Test und Inspektion auch Fehlerbaumanalyse und Fehlereffektanalyse eingesetzt, letztere insbesondere für die Zuverlässigkeits- und Sicherheitsanalyse.

Außer der durch unterschiedliche Teams geprägten Diversität wurden noch firmeninterne Regeln und Richtlinien zur Verstärkung der Diversität eingesetzt.

Neben der Software-Diversität wurde in geringem Umfang auch Hardware-Diversität benutzt, allerdings noch nicht auf der Rechnerseite, sondern nur bei den Ein- und Ausgabeeinheiten.

Als Diversitätsstruktur ergibt sich

1 Spezifikation / 2 Programmier-Teams / 2 Programmiersprachen / 2 Ausführungszeiten / 1 HW

Das ATC-System ist nach ähnlichen Kriterien erstellt worden wie das Stellwerksystem, basiert aber auf neuerer Hardware. Die bisherigen Erfahrungen sind positiv, und LM Ericsson wird die Software-Diversität auch weiterhin einsetzen. Aufgrund dieser Erfahrungen beginnen jetzt auch einige andere Hersteller in der Eisenbahntechnik, Diversität bei ihren Neuentwicklungen mit einzubeziehen /Hagelin86/.

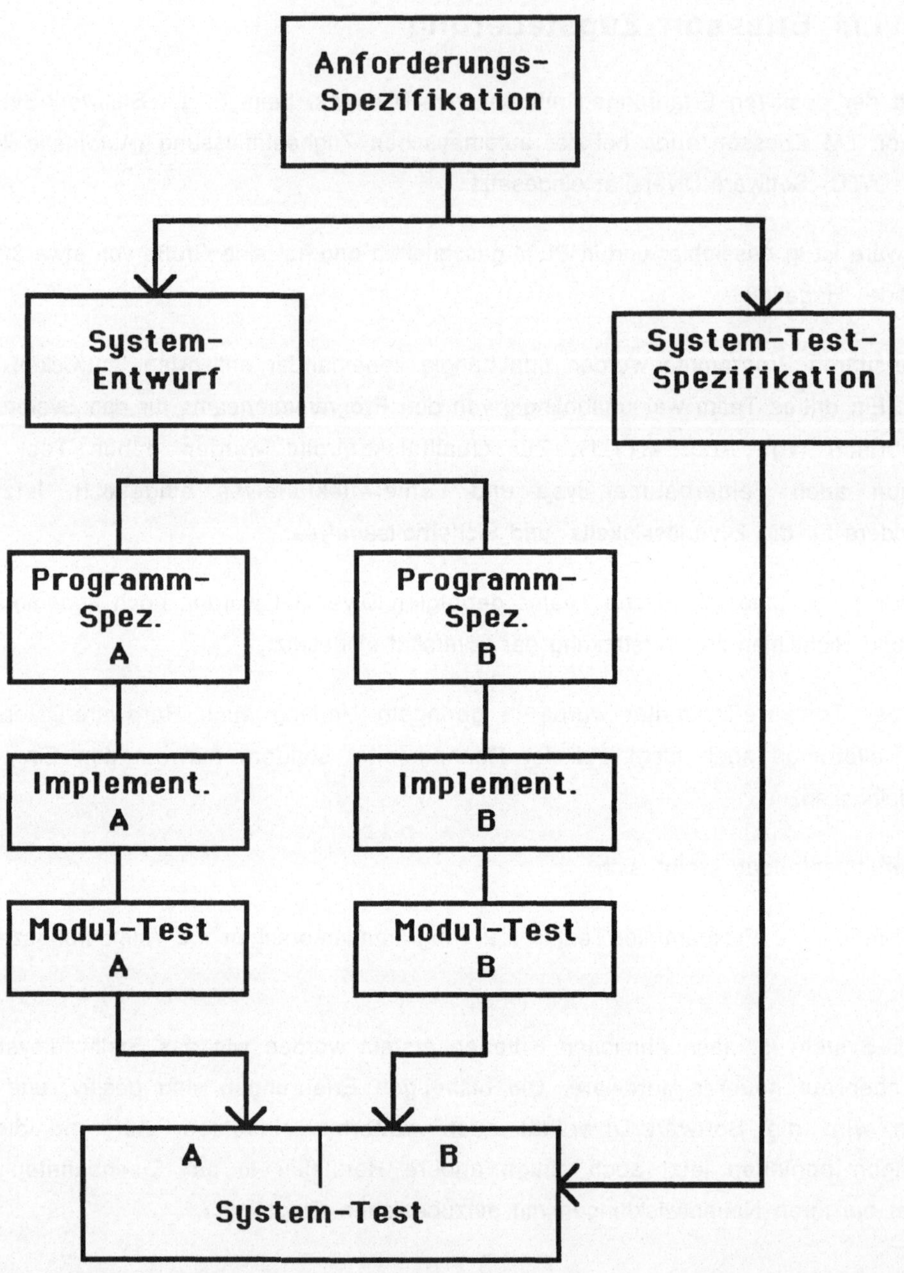

Abb. 4.11-1: Projektstruktur beim ATC-System von LM Ericsson (nach /Hagelin88/)

4.12 Airbus

In einem weiteren Verkehrsbereich, und zwar bei der Luftfahrt, wird ebenfalls Software-Diversität eingesetzt. Als Beispiel seien hier zunächst der Airbus und der ATR (Avionic Transport Regionale) genannt. Die Anwendungsbereiche sind z. B. der Autopilot, Fly-by-Wire und die Fluginstrumentierung. Die Größe der Programme variiert zwischen 8 und 120 KW /Rouquet86, Traverse88/.

Die entsprechenden Systeme sind in der Regel zweikanalig aufgebaut, ein Rechner hat die Kontroll- und Steuerfunktion, der zweite die Überprüfungsfunktion. Werden Unterschiede festgestellt, die auch nach einigen Wiederholungen bestehen bleiben, so wird das System automatisch abgeschaltet und auf ein back-up System (z. B. zweites redundantes Rechnersystem oder mechanisches System) umgeschaltet.

Die Software-Diversität wird bisher meist auf identischen Rechnern eingesetzt. Damit wird aber auch angestrebt, daß Hardware-Designfehler, die noch im Rechner existieren können, sich wie Software-Fehler nur in einem der diversitären Programme auswirken und daher auch erkannt werden können. Software-Diversität dient somit zusätzlich als Fehlertoleranzmaßnahme für Hardware-Designfehler.

Die Software-Diversität wird mit unterschiedlichen Mitteln erreicht. So werden unterschiedliche Programmiersprachen verwendet, und zwar je nach System z. B.:

- Pascal und Assembler
- PL/M und Assembler
- zwei getrennte Teilmengen eines Assemblers.

Außerdem werden je nach Projekt eingesetzt

- unterschiedliche Software-Werkzeuge
- unterschiedliche Software-Spezifikationen
- unterschiedliche Algorithmen
- Zulässigkeit von Interrupts nur in einer Alternative.

Diese unterschiedlichen Vorgaben sind teilweise vom Auftraggeber vorgeschriebene Unterschiede, teilweise sich durch die Realisierung ergebende Unterschiede, die auch von der jeweiligen Anwendung abhängen.

Außerdem sind die funktionalen Anforderungen an die Varianten etwas unterschiedlich, so daß die Hauptvariante z. B. mit 12-bit Genauigkeit arbeitet, während die Prüfvariante mit 8-bit Genauigkeit auskommt.

In Abb. 4.12-1 ist ein typischer Aufbau eines im Airbus A310 eingesetzten Systems dargestellt. Das System besteht aus zwei zueinander redundanten Teilsystemen, von denen jedes wiederum aus zwei Komponenten besteht, der Variante A und der Variante B. Erstere ist der Rechner, der für die Funktion zuständig ist, letztere dagegen übernimmt die Überprüfungsfunktion.

Ist eine Redundanzgruppe fehlerhaft, so wird auf die andere Redundanzgruppe umgeschaltet. Fallen beide Redundanzgruppen aus, so wird auf ein manuelles Verfahren umgeschaltet.

Als Diversitätsstruktur ergibt sich hier

1 Spezifikation / 2 Entwürfe / 2 Programmier-Teams / 2 Programmiersprachen / 2 HW

Für den A320 wird ein System entwickelt, in dem die zwei Funktionsgruppen unterschiedliche Rechner verwenden (M6800, i80186), jede Funktionsgruppe in sich redundant ist und jede Redundanzgruppe wiederum diversitäre Software benutzt, so daß insgesamt vier diversitäre Programme eingesetzt werden. Damit hofft man, in hohem Maße sowohl Hardware- als auch Software-Entwurfsfehler tolerieren zu können, da nur jeweils eins der vier Systeme zur Ausführung der Funktion erforderlich ist.

Hier wurde auf mehreren Ebenen Diversität eingesetzt, um die hohen Sicherheitsanforderungen zu erfüllen. Dies ist insbesondere unter dem Aspekt erforderlich, daß für einige der Funktionen auf ein mechanisches Back-up verzichtet wird, also nur Rechnersysteme im Einsatz sind.

In über 450.000 Flugstunden sind bisher gute Erfahrungen gesammelt worden. Während der Abnahme der Software sind zwar Einzelfehler entdeckt worden, aber keine Fehler, die in beiden diversitären Systemen identisch vorkamen /Traverse88/.

Ähnlich wie bei den in Kap. 4.10 und 4.11 geschilderten kommerziellen Systemen ist auch bei dem hier beschriebenen System keine genauere Information über die Fehlerzahlen zu erhalten.

Die Vorteile der Diversität werden u. a. in der höheren Sicherheit, dem geringeren Risiko im Genehmigungsverfahren und den höheren Genehmigungschancen, der besseren Spezifikation und dem andauernden Realzeit-Test während des Betriebes gesehen. Dem stehen als Nachteile der größere Umfang der Software (inkl. Dokumentation) und die mögliche Verringerung der Verfügbarkeit gegenüber /Wright86/.

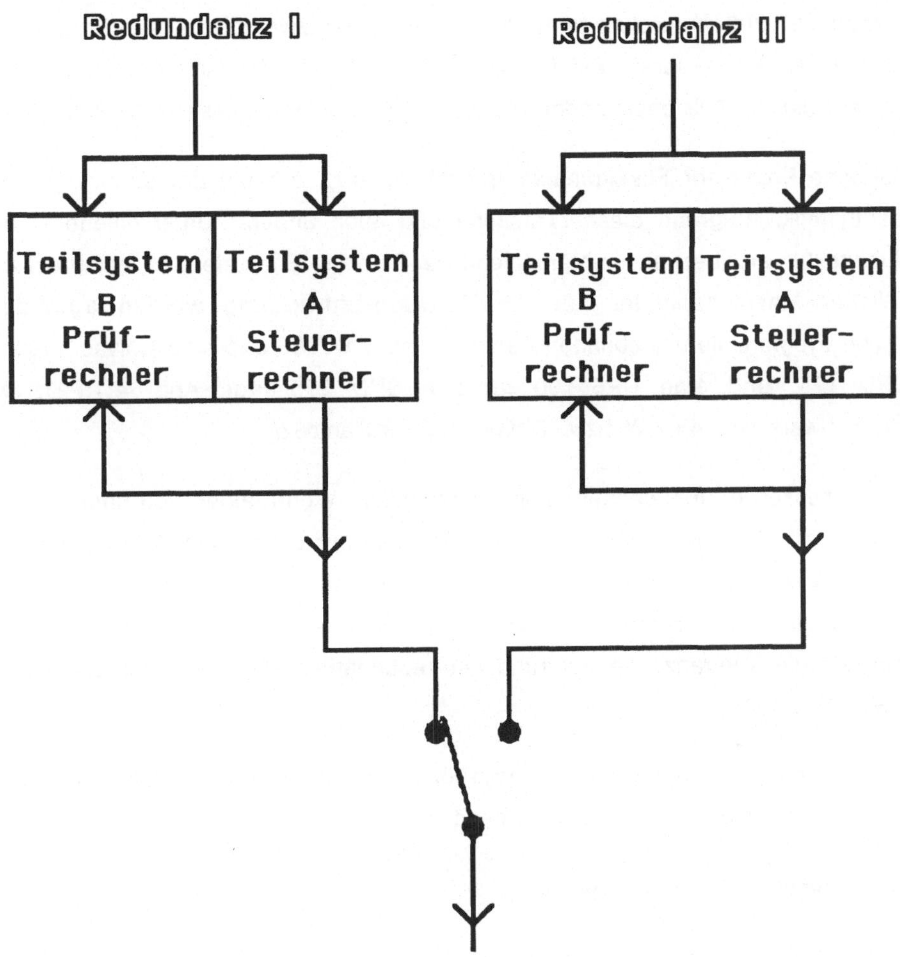

Abb. 4.12-1: Typischer Aufbau eines Rechnersystems im Airbus

Die Qualität der einzelnen Varianten wird aber genauso kontrolliert, als ob der Einsatz nur einer Variante geplant wäre. Es wird wegen der Verwendung von Diversität keine Verringerung der Zuverlässigkeit der Software oder des Systems zugelassen. Vielmehr wird die Diversität als additive Maßnahme verstanden, um zusätzliche Zuverlässigkeit und Sicherheit zu gewinnen.

4.13 Sperry

Von der Sperry Corporation ist das automatische Landeanflug-System SP-300 für das Boeing-Flugzeug 737-300 entwickelt worden. Es beinhaltet zwei diversitäre Programme auf unterschiedlichen Prozessoren. Als Prozessoren wurden ein Bit-slice-Prozessor (SPD 175) und ein auf dem Z8002 basierender Prozessor (SPD 275) eingesetzt /Williams83/.

Während der eine Prozessor Fließkommaarithmetik benutzt, arbeitet der andere nur mit Festkommaarithmetik. Aufgrund dieser Tatsache und auch anderer Unterschiede in der Hardware-Architektur ergaben sich unterschiedliche Software-Entwürfe und entsprechend unterschiedlicher Maschinencode. Für die Software-Entwicklung wurden außerdem unterschiedliche Programmierumgebungen benutzt: eine VAX/780 und eine Univac 1100/80 für den SPD 175, und eine HP64100 für den SPD 275 (vgl. Abb. 4.13-1). Die resultierende Software war 45 KW bzw. 8 KW groß /Williams83/.

Die beiden Prozessoren überwachen sich gegenseitig. Wenn einer von ihnen einen Unterschied feststellt, der auf einen Fehler hindeuten kann, wird der Autopilot abgeschaltet. Bei dem Vergleich wird darauf Rücksicht genommen, daß mit unterschiedlicher Genauigkeit gerechnet wird. Die dafür erforderliche Toleranz war aber erfahrungsgemäß weniger problematisch als die Toleranz, die aufgrund der redundanten Meßwertgeber zugelassen werden mußte /Yount84/.

Die Rechner arbeiten mit einer Zykluszeit von 100ms, wovon sie aber nur etwa die Hälfte für die Abarbeitung der eigentlichen Funktion benötigen.

Die Diversitätsstruktur für das SP-300 ist

1 Spezifikation / 2 Entwürfe / 2 Programmier-Teams / 2 Entwicklungs-Teams / 2 diversitäre HW

Ein neues System für zukünftige Flugzeuge ist geplant worden. Hierbei handelt es sich um ein dreifach redundantes System mit dreifach diversitärer Software auf drei diversitären Prozessoren. Die drei Prozessoren sind jeweils zweifach vorhanden und in einem redundanten System mit Votern gekoppelt (vgl. Abb. 4.13-2). Der wesentliche Nutzen der Diversität wird in der Erhöhung der Gesamtzuverlässigkeit des Systems gesehen /Yount85/. Nicht nur zweifach identische Softwarefehler, sondern auch entsprechende Hardwarefehler können erkannt werden.

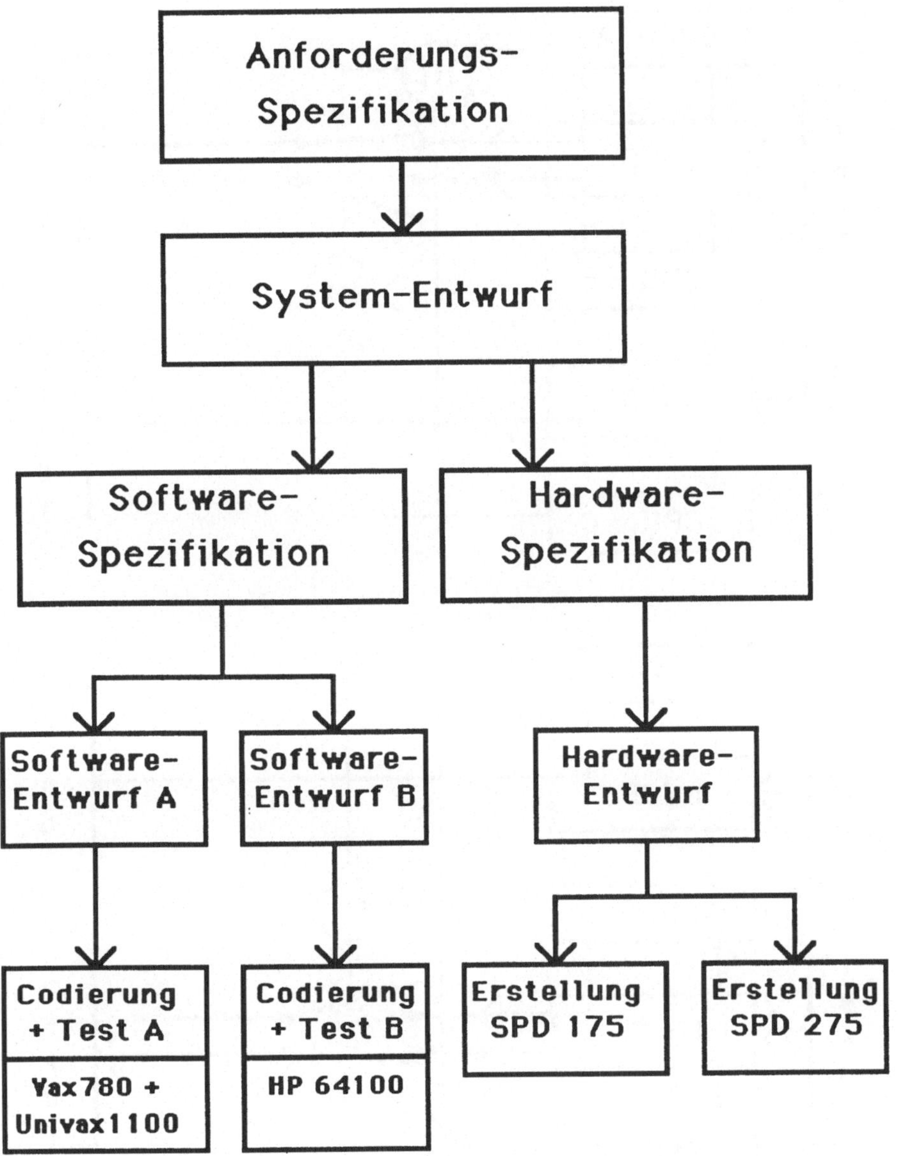

Abb. 4.13-1: Systementwicklung für SP-300

Bei der Begründung für den Einsatz von Software-Diversität wird für die Abschätzung der Zuverlässigkeit von totaler Unabhängigkeit der Varianten ausgegangen und die identischen Fehler werden vernachlässigt. Dieser Ansatz erscheint etwas euphorisch zu sein, denn bisherige Experimente zeigen, daß der Gewinn zwar bei einer Größenordnung liegen kann, aber nicht bei der hier angenommenen Größenordnung.

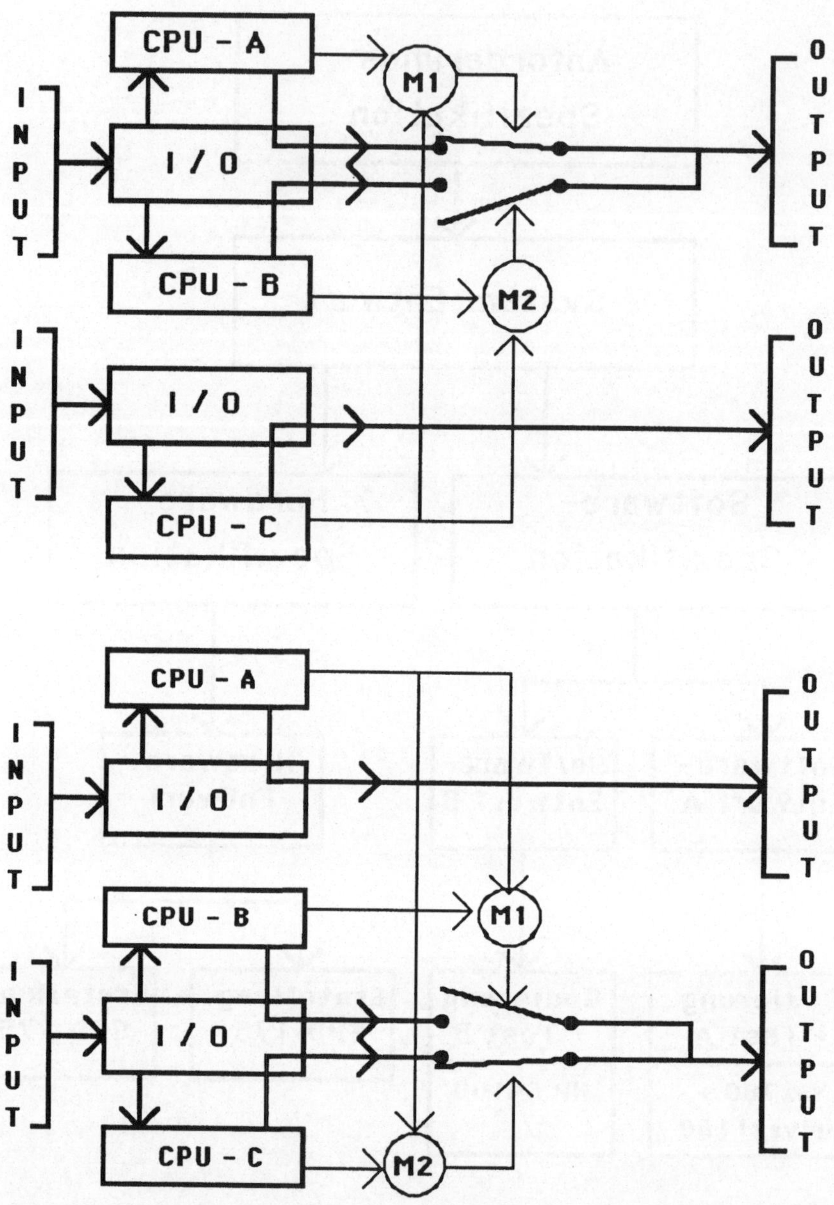

Abb. 4.13-2: Sperrys Dual-LRU-Konzept (nach /Yount85/)

4.14 Darlington

Von AECL (Atomic Energy of Canada Limited) und Ontario Hydro als Energie-Versorgungs-Unternehmen ist gemeinsam ein rechnergestütztes Schutzsystem für das Kernkraftwerk Darlington entwickelt worden. Es besteht aus zwei zueinander redundanten Systemen, von denen jedes von einem anderen Team entwickelt worden ist. Die Systemstruktur ist zwar ähnlich, aber unterschiedliche Hardware-Hersteller wurden ausgewählt und unterschiedliche Programmiersprachen wurden verwendet (Fortran und Pascal) /Popovic86/.

Die Projektstruktur ist in Abb. 4.14-1 dargestellt.

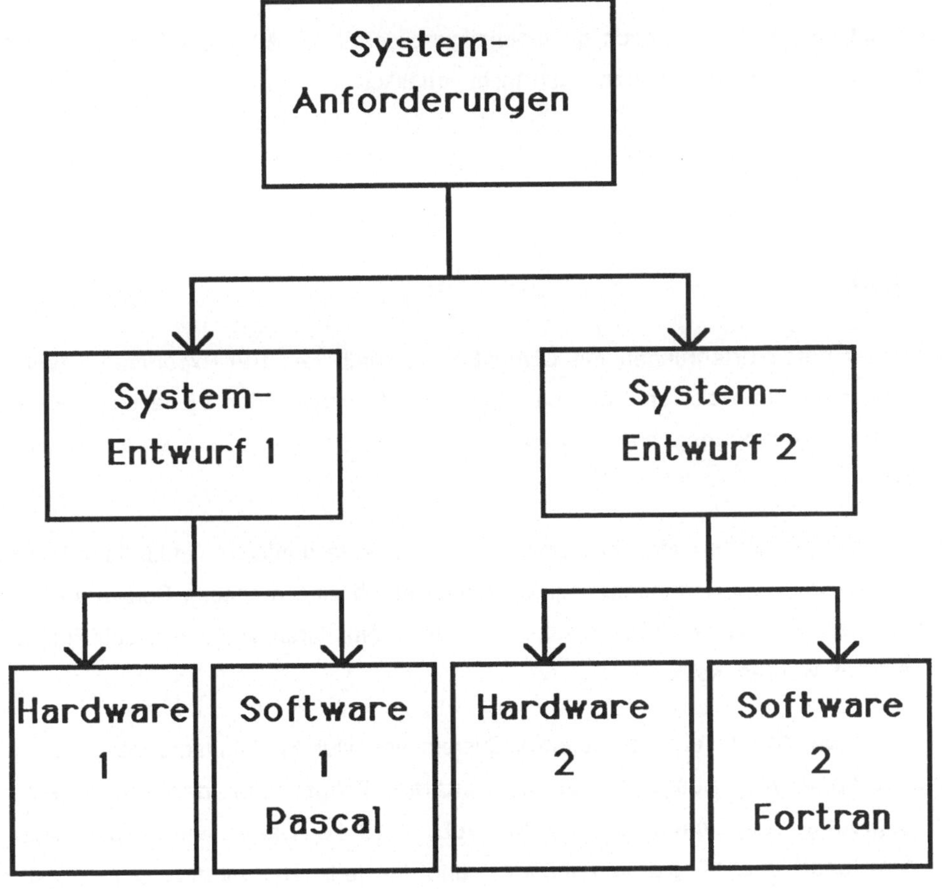

Abb. 4.14-1: Darlington Projektstruktur

Damit faßt die Diversität, die in der Reaktortechnik allgemein schon lange verbreitet ist, so insbesondere bei der Instrumentierung und vielen Sicherheitseinrichtungen, jetzt auch beim Rechnereinsatz in Reaktoren Fuß. Andere Systeme im Reaktor, die nicht so sicherheitsrelevant sind wie die Reaktorschutzsysteme, werden teilweise auch schon mit Rechnern realisiert, aber dann ohne Einsatz von Diversität. So verwenden die Kanadier in ihrem CANDU-Reaktor bereits seit einiger Zeit Rechner /Gilbert85/. Die Entwicklung des diversitären Systems beruht auch auf dieser Erfahrung.

Die Diversitätsstruktur ist:

1 Spezifikation / 2 Entwürfe / 2 Programmier-Teams / 2 Programmiersprachen / 2 diversitäre HW

Das System befindet sich z. Z. noch im Genehmigungsverfahren. Aussagen über den Erfolg des Projekts sowie Fehlerzahlen waren noch nicht erhältlich.

4.15 MIRA

Aufgrund der guten Erfahrungen mit Diversität innerhalb des BPI-Experiments (vgl. Kap. 4.1) wurde in einem weiteren Vorhaben des KFK Karlsruhe der Einsatz von Diversität geplant. Als Anwendungsgebiet war wieder ein Schutzsystem für einen Kernreaktor vorgesehen.

Wegen der bereits existierenden Instrumentierung war eine dreifache Redundanz konzipiert. Die dreifache Hardware-Redundanz wurde ergänzt durch eine dreifache Software-Diversität, die durch getrennte Teams und unterschiedliche Programmiersprachen (Pascal, Fortran und PL/M) erreicht werden sollte.

Das Konzept beinhaltete ein kaskadiertes System von vier Funktionsgruppen, wobei jede Funktionsgruppe die Ausgabe der diversitären Programme der vorhergehenden Funktionsgruppe vergleichen sollte (vgl. Abb. 4.15-1). Damit waren die einzelnen Funktionsgruppen unabhängig voneinander, und für jede Redundanzgruppe bestanden Wiederaufsetzpunkte im Falle eines Fehlers /Voges85b/.

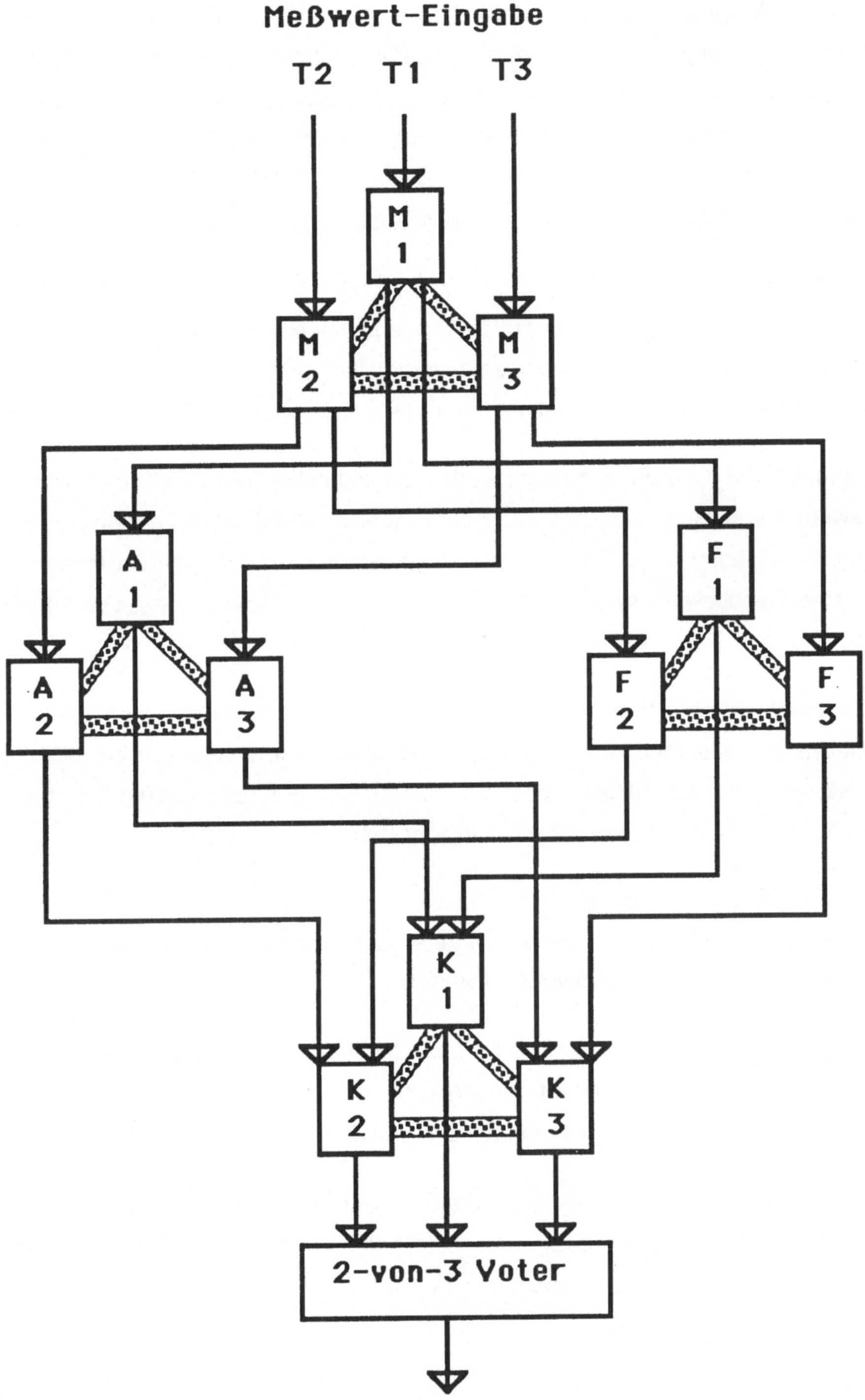

Abb. 4.15-1:   MIRA-Struktur

Die erste Gruppe (M1, M2, M3) erhält die Meßwerte von den redundanten Temperaturmeßwertgebern, tauscht die jeweiligen Daten miteinander aus und berechnet daraus den Mittelwert je Meßstelle. Die Ergebnisse werden an die Folgegruppen (A und F) weitergegeben, wobei jeder Rechner der Vorgruppe (M) seine Daten nur an den zur selben Redundanz gehörigen Folgerechner überträgt (also z. B. M2 an A2 und F2). Innerhalb einer Gruppe erfolgt dann wieder ein Datenaustausch, so daß jeder Rechner wieder alle drei Werte zur Verfügung hat.

Ein Vergleich dieser Eingabewerte ermöglicht es jedem Rechner, Fehler in anderen Rechnern oder Ausfälle von Datenverbindungen festzustellen und ggf. durch Mehrheitsbildung zu tolerieren. Dieses Prinzip ist in allen vier Funktionsgruppen (M, A, F und K) realisiert.

Die Aufgabe der Gruppe A besteht darin, die aktuellen Temperaturmeßwerte mit festen Grenzwerten und Gruppenmittelwerten zu vergleichen und zu hohe Abweichungen an die Gruppe K weiterzumelden. Die Gruppe F hingegen vergleicht mit dynamischen Grenzwerten, macht eine Trendbewertung und meldet ebenfalls zu große Abweichungen vom Sollwert an die Gruppe K.

Die Gruppe K schließlich bewertet diese Ergebnisse der Vorrechner und prüft, ob für alle Meßstellen eine Mehrheit die Meßwerte als innerhalb der Toleranzen beurteilt hat. Ist dies der Fall, so wird ein binäres positives Signal an den abschließenden 2-von-3 Voter geschickt, der aus ausfallsicherer Hardware besteht.

Dieses Projekt wurde nach einer Teilrealisierung, die den redundanten Hardware-Aufbau, aber nur einkanalige Software beinhaltete, abgebrochen, ohne daß Erfahrungen mit Software-Diversität gewonnen werden konnten.

Das Konzept zeigt aber, wie durch eine gezielte Strukturierung von Hard- und Software ein fehlertolerantes System aufgebaut werden kann, bei dem die Software-Diversität sowie die Vergleichspunkte zwischen den Redundanzen integrierter Bestandteil sind.

Außerdem wird durch die Dreistufigkeit (M, A + F, K) eine klare Trennung der Funktionsgruppen, aber auch die einfache Integration von Datenaustausch, Mehrheitsbewertung und Fehlertoleranz erreicht. Dies sind die wesentlichen Gründe, warum diese Struktur gewählt wurde.

Hinzu kommt, daß sich eine Aufspaltung in die Gruppen A und F aus Prüfgründen anbot. Bei den in A realisierten Algorithmen sind die Ausgaben nur von den Eingabewerten abhängig, einzelne Testläufe können somit unabhängig voneinander durchgeführt werden. Die in F realisierten Algorithmen hingegen besitzen ein Gedächtnis, ihre Ausgaben sind neben den Eingabewerten auch vom internen Zustand, der Historie, abhängig. Folglich sind die einzelnen Testläufe abhängig voneinander, die Reihenfolge bzw. die Vorgeschichte ist von Bedeutung. Ein höherer Testaufwand ist also erforderlich.

Die Diversitätsstruktur des Projektes was:

1 Spezifikation / 3 Programmier-Teams / 3 Programmiersprachen / 3 homogene HW

Ein derartig kaskadiertes System mit Software-Diversität und Fehlertoleranz ist sonst nicht bekannt. Es ist am ehesten vergleichbar mit dem Newcastle-Experiment (vgl. Kap. 4.9), wo bei mehreren Teilfunktionen getrennte Rücksetz-Blöcke realisiert wurden.

Ebenso unterstützt ein System wie DEDIX /Avizienis85/ einen ähnlichen Ansatz, wobei dort aber von Zwischenprüfpunkten innerhalb eines Programms ausgegangen wird, während bei MIRA die Zwischenprüfpunkte sich auf das Gesamtsystem bezogen und jeweils mit den Hardware-Grenzen übereinstimmten.

4.16 August CS330

Von Bonar August Systems ist ein kommerzielles fehlertolerantes Rechensystem entwickelt worden, das die Verwendung von diversitärer Software und diversitärer Hardware ermöglicht /Bonar87, Goring87/.

Das System CS330 ist ein TMR-System (vgl. Abb. 4.16-1). Die Eingabe wird verdreifacht und an die drei Prozessoren weitergegeben. Diese haben jeweils Leserechte auf gewisse Speicherbereiche ihrer Nachbarn, in denen die Daten stehen, die miteinander verglichen werden sollen (ähnlich den cross-check-points bei DEDIX /Avizienis88/). So werden nicht nur die Eingaben und - vor der Ausgabe an den Hardware-Voter - die Ausgaben von einem Software-Voter intern in jedem Prozessor miteinander verglichen, sondern vor jedem wichtigen Verarbeitungsschritt können die Daten miteinander verglichen werden.

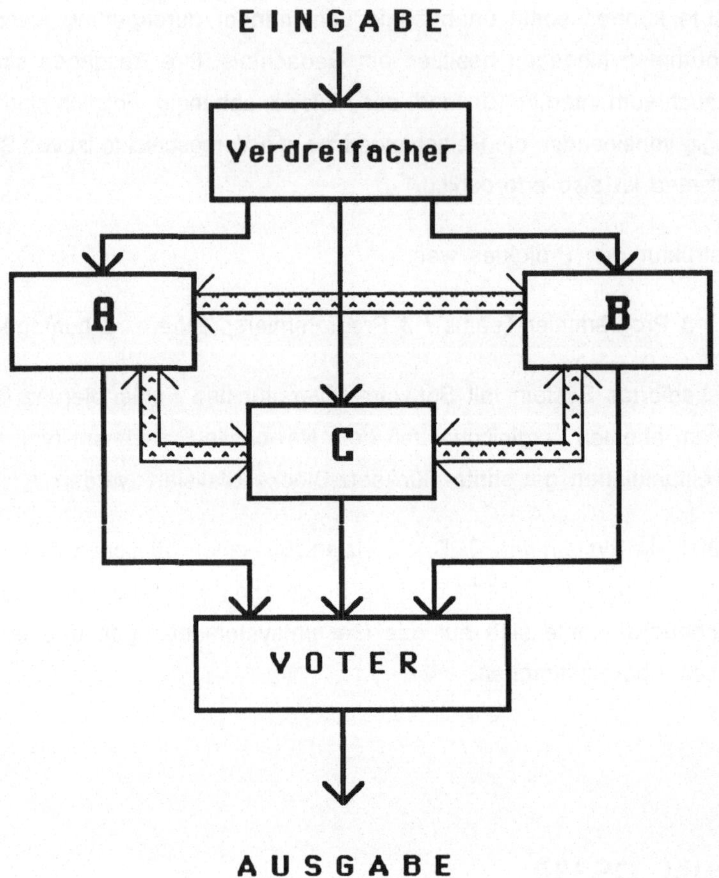

Abb. 4.16-1: Struktur des Bonar August Systems CS330

Da die drei Prozessoren unabhängig voneinander sind und nur lose gekoppelt arbeiten, können unterschiedliche Mikroprozessoren eingesetzt werden. So ist z. B. der Einsatz von NEC V30, Harris CMOS 8086 und Intel8086 als Prozessoren vorgesehen.

Auf diesen Prozessoren wird aber dasselbe Betriebssystem, RTTS, eingesetzt. Die darauf aufbauende Programmiersprache TRIGARD hingegen bietet drei unterschiedliche Programmierungsarten an: relay ladder logic, boolean logic und compiled networks . Diese drei Möglichkeiten sind zu unterschiedlichen Zeiten von verschiedenen Teams entwickelt worden, stellen also auch in dieser Hinsicht eine Unabhängigkeit dar. Zusätzlich sind sie noch in unterschiedlicher Programmierumgebung benutzbar.

Neben der Nutzung der System-Hardware-Diversität bietet sich für den Benutzer also die Möglichkeit, diversitäre Programmentwicklung mit diversitären Programmiersprachen zu machen. Die Synchronisierung und der Ergebnisvergleich werden von der Betriebssoftware erledigt.

Es wird also folgende Diversitätsstruktur unterstützt:

1 Spezifikation / 3 Programmier-Teams / 3 Programmiersprachen / 3 diversitäre HW

Einsatzerfahrungen zu diesem System sind bislang noch nicht veröffentlicht worden.

4.17   Vergleichende Übersicht

Die vorgestellten Beispiele der Experimente und Anwendungen von Software-Diversität sollen hier noch einmal vergleichend gegenübergestellt werden.

Zu den 16 Beispielen werden die folgenden Informationen zusammengestellt. Zunächst geben fünf Punkte die globalen Informationen, und dann folgen zehn weitere Punkte mit genaueren Details.

1. Experiment (E) oder Anwendung (A)

2. Anwendungsgebiet

3. Größe der Programme/Systeme in Zeilen (LOC)

4. Form der Diversität

5. Fehlerzahlen [%: Fehlerzahl je 100 LOC; Absolutzahl: Gesamt-Fehlerzahl der Varianten]

6. Verhältnis Gesamtfehlerzahl : Anzahl der identischen Fehler

7. Hardware-Realisierung

Anzahl der Rechner bei NMR

Diversitär / Homogen

8. Software-Realisierung

   N-Versionen-Programmierung (nVP) oder Rücksetzblöcke (nRB)

   [n: Zahl der Varianten]

9. Zeit

   Varianten arbeiten parallel (P) oder sequentiell (S)

   [Bei den Experimenten bezieht sich diese Aussage auf die Auswertung.]

10. Spezifikation

    Anzahl der Spezifikationsteams

11. Spezifikationssprachen

    In welcher Sprache wurde die Spezifikation abgefaßt

12. Entwurf

    Anzahl der Entwurfteams

13. Entwurfssprachen

    Welche Entwurfssprache wurde benutzt

14. Implementierungen

    Anzahl der Implementierungen

15. Programmiersprachen

    Welche Programmiersprachen wurden benutzt

16. Test

    wieviele unterschiedliche kontrollierte Tests wurden gemacht, wie z. B. Programmierer-Test, Abnahme-Test, Vergleichs-Test.

Nicht zu allen Beispielen sind die Informationen gleichwertig vorhanden, so daß einige Lücken in der Tabelle bleiben. Die Übersicht ist in Abb. 4.17-1 zusammengestellt.

	1 BPI	2 UVA-UCI	3 UCLA I	4 UCLA II	5 NASA	6 Halden
1	E	E	E	E	E	E
2	nuklear	militär.	physik.	Flugplan	Flugzeug	nuklear
3	800- 1600	300- 1000	300/ 600	200- 700	1800- 4600	500- 1500
4	Teams Sprachen	Teams	Teams Spezif.	Teams Spezif.	Teams	Teams
5	2,9%	45	2,0%	0,7%	-	6,7- 10,6%
6	10:1	13:1	4:1/3:1	7:1	10:1	-
7	1	2D	1	1	1 (4)	1 (2)
8	3VP	27VP	23VP/ 21VP	18VP	20VP	2VP
9	3S	27S	3S	3S	20S/20P	2S
10	1	1	1	1	1	1
11	deutsch	englisch	englisch	englisch OBJ PDL	englisch	englisch
12	3	27	21	18	20	2
13	-	-	-	-	-	2
14	3	27	23/21	18+1	20	2
15	Fortran Pascal Ass.	Pascal	PL/1	PL/1	Pascal	Fortran Pascal
16	2	2	2	2	2	2

Abb. 4.17-1: Gesamtübersicht über die Beispiele

	7 PODS	8 EPRI	9 Newcastle	10 Göteborg	11 ATC
1	E	E	E	A	A
2	nuklear	nuklear	militär.	Eisenbahn	Eisenbahn
3	500- 1900	800- 1200	8000	110kW	32kB
4	Teams Sprachen	Teams	Teams Lösungen Rec. Blocks	Teams Sprachen	Teams Sprachen
5	3,6%	-	-	-	-
6	4,5:1	-	14:1	-	-
7	1	1	1	1	1
8	3VP	2VP	2RB	2VP	2VP
9	3S	2S	2S	2S	2S
10	1	1	1	1	1
11	englisch	englisch	englisch	schwed./ Sternol	schwed.
12	3	2	1 (2)	2	2
13	-	RSL/REVS	-	-	-
14	3	2	1 (2)	2	2
15	Fortran Ass.	Fortran	Coral	Fortran Ass.	PLM Ass.
16	-	3	-	-	-

Abb. 4.17-1 (Forts.): Gesamtübersicht über die Beispiele

	12 Airbus	13 Boeing	14 Candu	15 Mira	16 August
1	A	A	A	E	A
2	Flugzeug	Flugzeug	nuklear	nuklear	allgemein
3	8-120kW	8-45kW	-	-	-
4	Teams Sprachen Hardware	Teams Hardware	Teams Sprachen Hardware	Teams Sprachen	Teams Hardware
5	-	-	-	-	-
6	-	-	-	-	-
7	2D	2D	2D	3	3D
8	2VP	2VP	2VP	3VP	1-3VP
9	2P	2P	2P	3P	nP
10	1	1	1	1	1
11	englisch	englisch	englisch	deutsch	-
12	2	2	2	3	1-3
13	-	-	-	-	-
14	2-4	2	2	3	1-3
15	Pascal Ass.	-	Pascal Fortran	Fortran PLM Pascal	-
16	-	-	-	-	-

Abb. 4.17-1 (Forts.): Gesamtübersicht über die Beispiele

Im Vergleich stehen zehn Experimente fünf Anwendungen gegenüber. Je sechs Beispiele entstammen dem Verkehrsbereich und dem Reaktorbereich. Die Größe der Beispiele rangiert von etwa 500 bis 8.000 Zeilen bzw. 8 bis 120 kWorte Speicherbedarf.

Immer wurde die Diversität durch mehrfache Teams erreicht, teilweise (sechs mal) verstärkt durch die Wahl von mehreren Programmiersprachen. Die maximale Hardware-Diversität beträgt vier, während bei der Software bis zu 27 diversitäre Varianten erzeugt wurden. Dieser Unterschied beruht im wesentlichen darauf, daß bei den Experimenten die Software-Diversität im Vordergrund stand. In den Anwendungen hingegen ist meist die Diversität der Hardware und der Software identisch und beschränkt sich in der Regel auf zwei bis maximal vier.

Die Zahl der entdeckten Fehler schwankt zwischen 1 und 10 Fehlern je 100 Zeilen Code und liegt damit in derselben Größenordnung wie bei anderen Software-Engineering-Untersuchungen (z. B. /Potier82/). Bei der Interpretation dieser Zahlen ist zu beruucksichtigen, daß die Datensammlung nicht immer einheitlich war, manchmal mehrere Projektphasen beinhaltete, nicht aber mit Fehlerzahlen von Programmen nach der Auslieferung verglichen werden darf.

Die Relation zwischen der Gesamtzahl der Fehler und der Zahl der identischen Fehler schwankt zwischen 3:1 und 14:1, wobei aber nicht von allen Anwendungen die entsprechenden Zahlen vorliegen und die Zahlen auch nicht alle gleichwertig sind, da die Fehlerzahlen teilweise von unterschiedlichen Projektphasen gezählt wurden, teilweise die identischen Fehler nicht gleichartig interpretiert wurden.

5. Fehlermodelle ohne Diversität

Die Vorstellung der verschiedenen Beispiele in Kap. 4 hat gezeigt, daß ein Vergleich der Fehlerzahlen nicht einfach ist. Jedes Projekt hat seinen eigenen Phasenplan, nach dessen Stufen die Entwicklungsschritte ablaufen. Die Fehler werden ggf. bei den zugehörigen Schritten gezählt und dokumentiert, oder es wird nur eine globale Zählung gemacht.

Um die Wirkung von Fehlertoleranz-Maßnahmen, insbesondere der Diversität, bewerten zu können, ist es erforderlich, zunächst ein Fehlermodell zu definieren, anhand dessen sowohl die Fehlerauswirkungen als auch die Auswirkungen der Fehlertoleranz-Maßnahmen aufgezeigt werden können.

Es werden zunächst in diesem Kapitel Fehlermodelle eingeführt, die sich auf die Fehlerentstehung während des Software-Lebenszyklus und auf das Fehlerauftreten im Betrieb beziehen.

Die Erweiterung auf redundante und diversitäre Systeme erfolgt in Kapitel 6.

5.1 Software-Erstellung

Der Software-Lebenszyklus wird hier zunächst ohne Einschränkung der Allgemeingültigkeit in folgende Phasen eingeteilt:

> Spezifikation (S),
> Entwurf (E),
> Codierung (C),
> Test (T) und
> Betrieb (B).

Eine Anpassung an andere Phaseneinteilungen oder auch eine weitere Verfeinerung des Zyklus ließe sich ebenso zugrundelegen und würde eine analoge Erweiterung des resultierenden Modells darstellen.

Die Menge der Fehler, die in der Phase i gemacht werden, bezeichnen wir mit F_i. Die Gesamtfehler, die in der Software gemacht werden können, ergeben sich somit zu

$$F_{SW} = F_S \cup F_E \cup F_C \cup F_T \cup F_B. \tag{5.1}$$

Die Zuordnung der Fehler zu den Phasen geschieht auf folgende Weise: wenn im Entwurf ein Fehler gemacht wird, der auch zu einem fehlerhaften Code führt, der Code somit zwar nicht der Spezifikation, aber wohl dem Entwurf entspricht, so zählt der Fehler nur als Entwurfsfehler und nicht als Codierfehler. Andererseits gibt es auch den Fall, daß die Ursache für einen Fehler in der vorhergehenden Phase liegt, der Fehler selbst aber erst später gemacht wird. So kann der Entwurf mehrdeutig oder mißverständlich sein - was in gewisser Weise schon als Fehler gerechnet werden kann, allerdings häufig schwer erkennbar ist - und bei der Codierung dann zu einem Fehler führen. Daher kann bei einer detaillierteren Betrachtung auch folgende Fehlereinteilung vorgenommen werden.

Die Fehler, die in den einzelnen Phasen entstehen, d. h. in diesen Phasen in das jeweilige Produkt 'eingebaut' werden, lassen sich unterteilen in Fehler, die ihren Ursprung in vorhergehenden Phasen oder in der Phase selbst haben. Dabei bedeutet Ursprung nicht allein, daß damit der Fehler notwendigerweise in dieser früheren Phase bereits gemacht worden ist, sondern es kann sich hier auch nur um eine Auswirkung der früheren Phase handeln. Z. B. kann sich durch die Wahl einer Spezifikationssprache eine Schwierigkeit und damit eine Fehlerträchtigkeit ergeben, die bei der Wahl einer anderen Spezifikationssprache nicht aufgetreten wäre. Der dadurch entstehende Fehler im Entwurf läßt sich zwar nicht direkt auf einen Fehler in der Spezifikation zurückführen, hat aber dennoch einen ursächlichen Zusammenhang mit der Spezifikation. Mit dieser Art der Fehlerzuordnung können wir zu der folgenden verfeinerten Fehlerklassifizierung kommen. Dabei bedeutet $F_{i,j}$ die Menge der Fehler, die in der Phase i gemacht werden und ihren Ursprung in der Phase j haben.

a) Fehler in der Spezifikationsphase

$$F_S = F_{S,S} \tag{5.2}$$

Fehler in dieser Phase sind nur in dieser Phase begründet und können nicht auf andere Phasen zurückgeführt werden, da dies die erste Phase ist.

b) Fehler in der Entwurfsphase

$$F_E = F_{E,E} \cup F_{E,S} \tag{5.3}$$

Fehler, die während des Entwurfs gemacht werden, können ihren Ursprung entweder im Entwurf selber oder in der vorhergehenden Spezifikation haben.

c) Fehler in der Codierungsphase

$$F_C = F_{C,C} \cup F_{C,E} \cup F_{C,S} \tag{5.4}$$

Fehler in der Codierungsphase können ihre Ursache in der Codierung, im Entwurf und in der Spezifikation haben. Wenn nur die Entwurfsdokumente Grundlage für die Codierung sind, entfällt allerdings die Spezifikation als Ursache ($F_{C,S} = \varnothing$).

d) Fehler in der Testphase

$$F_T = F_{T,T} \cup F_{T,C} \cup F_{T,E} \cup F_{T,S} \tag{5.5}$$

Fehler in der Testphase sind einerseits Fehler, die durch (fehlerhafte) Korrektur entstanden sind, andererseits durch fehlerhaftes Testen, das zur Nichtentdeckung von Codier- und anderen Fehlern führen kann. Letzteres kann seinen Ursprung in vorhergehenden Phasen haben, aber auch in der Testphase selbst. Wenn wir davon ausgehen, daß nach Erkennen eines Fehlers während des Testens zur Korrektur in die betroffene frühere Phase zurückgekehrt wird, so wird in der Testphase selbst keine fehlerhafte Korrektur möglich sein ($F_{T,T} = \varnothing$). Da sich ansonsten Fehler in der Testphase nicht als zusätzliche Fehler im Endprodukt Software niederschlagen können, sondern nur zu einem 'Durchschlüpfen' von Fehlern aus vorhergehenden Phasen beitragen können, muß man eigentlich generell von $F_T = \varnothing$ ausgehen.

e) Fehler in der Betriebsphase

$$F_B = F_{B,B} \cup F_{B,T} \cup F_{B,C} \cup F_{B,E} \cup F_{B,S} \tag{5.6}$$

Auch in der Betriebsphase können noch Fehler in das Produkt eingebaut werden, hierbei im wesentlichen durch fehlerhafte Instandhaltung und Reparatur. Dabei wird davon ausgegangen, daß in der Betriebsphase zur Korrektur nicht in die betroffenen vorhergehenden Phasen zurückgegangen wird.

Weitere Fehlerursache kann eine unzureichende oder falschverstandene Dokumentation sein, die zu einer Fehlbedienung der Software führt und damit zu einem Fehler im System.

Die Menge aller Fehler in der Software F_{SW} ergibt sich somit zu

$$
\begin{aligned}
F_{SW} \;=\; & F_S \cup F_E \cup F_C \cup F_T \cup F_B \\
=\; & F_{S,S} \cup F_{E,E} \cup F_{E,S} \cup F_{C,C} \cup F_{C,E} \cup F_{C,S} \\
& \cup F_{T,T} \cup F_{T,C} \cup F_{T,E} \cup F_{T,S} \\
& \cup F_{B,B} \cup F_{B,T} \cup F_{B,C} \cup F_{B,E} \cup F_{B,S}
\end{aligned}
\tag{5.7}
$$

5.2 Software-Ausführung

Neben den Entwicklungsphasen und dem zugeordneten Fehlermodell ist ebenso von Bedeutung, wie die Software abläuft und wie sich die Fehler auswirken können. Dies ist insbesondere später für redundante und diversitäre Systeme von Bedeutung und soll hier zunächst für den einfachen Fall eines nicht redundanten Systems eingeführt werden.

Während des Betriebs der Software kann es zu Ausfällen kommen, die verschiedene Ursachen haben können: z. B. in der Software selber (F_{SW}), in den Werkzeugen, die benutzt wurden (F_{WZ}), im Betriebssystem (F_{BS}) und in der Hardware (F_{HW}). Daraus ergibt sich für die Fehler in einem Strang F_{Strang}

$$F_{Strang} = F_{SW} \cup F_{WZ} \cup F_{BS} \cup F_{HW} \qquad (5.8)$$

Dabei lassen sich die Fehler in der Hardware wiederum unterteilen in zeitabhängige Fehler (im Sinne von Alterungsausfällen) $F_{HW,t}$ und in systematische Fehler $F_{HW,c}$, die durch Fehler im Hardware-Erstellungsprozeß entstanden sein können:

$$F_{HW} = F_{HW,t} \cup F_{HW,c} \qquad (5.9)$$

F_{WZ}, die Fehler durch Werkzeuge, können z. B. durch Fehler im Compiler, Binder o. ä. entstanden sein. Ihre Entstehungsgeschichte ist, wie die der Fehler im Betriebssystem F_{BS} auch, ähnlich zu der der Softwarefehler F_{SW}.

Die Fehler im Betrieb sind mit davon abhängig, ob und wie die Fehler in den früheren Phasen beseitigt worden sind. Diese Historie kann genutzt werden, um die Zahl und die Verteilung der noch vorhandenen Fehler vorherzusagen. Bei der Anwendung von Erfahrungswerten wird z. B. davon ausgegangen, daß die Fehlerverteilung der Restfehler, d. h. der Fehler, die nach einer Korrektur noch im System verbleiben, identisch ist mit der Verteilung der bereits in den jeweiligen Phasen gefundenen und beseitigten Fehler.

Betrachtet man nicht nur die Fehlerentstehung, sondern auch die Fehlerbeseitigung, so erweitert sich das mit (5.7) gegebene Modell, indem man von der Menge der in einer Phase gemachten Fehler diejenigen entfernt, die in einer späteren Phase entdeckt und beseitigt werden.

Bezeichnet $F_{i,j}$ für den Fall, daß die Phase i vor der Phase j liegt, die Menge der Fehler, die in der Phase i gemacht und in der Phase j entdeckt wurden, so ergibt sich für die Software-Fehler die folgende Mengenzuordnung:

$$F_{SW} = ((((F_S \setminus F_{S,E}) \setminus F_{S,C}) \setminus F_{S,T}) \setminus F_{S,B}) \qquad (5.10)$$
$$\cup (((F_E \setminus F_{E,C}) \setminus F_{E,T}) \setminus F_{E,B})$$
$$\cup ((F_C \setminus F_{C,T}) \setminus F_{C,B})$$
$$\cup (F_T \setminus F_{T,B})$$

So sind z. B. von den in der Spezifikation gemachten Fehlern (F_S) diejenigen abzurechnen, die im Entwurf ($F_{S,E}$), bei der Codierung ($F_{S,C}$), während des Testens ($F_{S,T}$) und im Betrieb ($F_{S,B}$) entdeckt und anschließend beseitigt worden sind.

Bei den bisherigen Überlegungen sind wir im wesentlichen von einer statischen Betrachtung ausgegangen: welche Fehler existieren für einen idealisierten Beobachter, der alle Fehler sehen kann, in einem System. Wenn wir das System unter dynamischen Gesichtspunkten betrachten, kann sich die Bewertung des Systems durch die unterschiedliche Bedeutung der Fehler verändern. Einige Fehler haben keine Bedeutung, da sie in einem Teil sind, der nicht benutzt wird, andere Fehler wiederum werden häufig aktiviert und ihre Wirkung ist durch fehlerhaftes Systemverhalten offensichtlich. Auf diese Betrachtung wird in Kapitel 6 näher eingegangen.

6. Fehlermodelle für Diversität

6.1 Grundmodell

Um ein Fehlermodell einzuführen, das die Besonderheiten der Diversität berücksichtigt, muß zunächst das Ablaufmodell, das in Kapitel 5.2 eingeführt wurde, näher erläutert werden.

Wir betrachten ein Schichtenmodell, bei dem auf der Hardware das Betriebssystem liegt, darauf der Compiler und ähnliche Werkzeuge, und darauf schließlich die eigentliche Anwendungs-Software (vgl. Abb. 6-1). Feinere Modelle können u. a. bei der Hardware noch unterschiedliche Ebenen vorsehen, die sich auf den Entwurf oder die verschiedenen Hardware-Komponenten beziehen. Davon kann aber in diesem Ansatz abgesehen werden, da es für die Betrachtungen keine entscheidende Rolle spielt, sondern nur eine Verfeinerung darstellt. Bei einer Einbeziehung von Hardware-Diversität hingegen kann der verfeinerte Ansatz von Bedeutung sein.

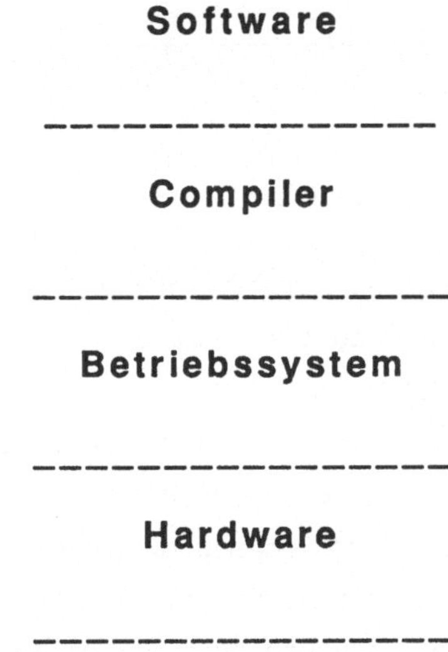

Abb. 6-1: Vereinfachtes Schichtenmodell für den Software-Ablauf

In einem redundanten System werden mehrere dieser Komponenten nebeneinander realisiert. Beispielhaft ist in Abb. 6-2 ein TMR-System gezeigt. Dabei kann sowohl von identischen Komponenten ausgegangen werden wie auch von diversitären. Die Diversität kann dabei wiederum entweder nur einzelne Schichten betreffen oder das gesamte System. So können bei

Komponenten ausgegangen werden wie auch von diversitären. Die Diversität kann dabei wiederum entweder nur einzelne Schichten betreffen oder das gesamte System. So können bei einer dreifachen Diversität der Software ($S_A \neq S_B \neq S_C$) trotzdem die darunter liegenden Schichten mit Identität aufgebaut sein ($C_A = C_B = C_C$, $BS_A = BS_B = BS_C$, $HW_A = HW_B = HW_C$). Jede Kombination ist möglich.

Software S_A	**Software** S_B	**Software** S_C
-------------	-------------	-------------
Compiler C_A	**Compiler** C_B	**Compiler** C_C
-------------	-------------	-------------
Betr.-syst. BS_A	**Betr.-syst.** BS_B	**Betr.-syst.** BS_C
-------------	-------------	-------------
Hardware HW_A	**Hardware** HW_B	**Hardware** HW_C
-------------	-------------	-------------

Abb. 6-2: Vereinfachtes Schichtenmodell für ein TMR-System

Werden redundante Systeme eingesetzt, so bedeutet dies in der Regel auch die Benutzung von Mehrheitsbewertern oder Entscheidungsfunktionen (Votern). Abb. 6-3 zeigt ein TMR-System mit Voter. Die drei redundanten Komponenten werden mit den gleichen Eingaben versorgt. Ihre Ausgaben werden an einen Voter übergeben, der nach vorbestimmtem Algorithmus eine Ausgabe auswählt und weitergibt. Dieser Algorithmus kann eine Mehrheitsbewertung sein, eine Mittelwertbildung, die Median-Bestimmung o. ä. /Anderson86/. Die Art des Algorithmus ist dabei abhängig von der Art der Ausgaben (z. B. binär, Text, reelle Zahl). Eine mögliche Realisierung für einen Voter, der derartige verschiedene Vergleiche zuläßt, ist innerhalb der DEDIX-Systems enthalten /Avizienis88/.

In Anwendungen mit hohen Sicherheitsanforderungen ist es auch denkbar, den herkömmlichen 2-von-3-Voter durch einen 3-von-3-Voter zu ersetzen. Dieser Voter würde in der Regel drei identische (oder ähnliche, z. B. innerhalb eines vorgegebenen

Toleranzbandes liegende) Ergebnisse erwarten. Nur falls ein eindeutig auf Hardware-Ausfall o. ä. zurückzuführender Fehler auftritt, kann auf 2-von-2 umgeschaltet werden, indem das fehlerhafte Teilsystem abgeschaltet und mit den verbleibenden zwei Teilsystemen weitergearbeitet wird, bis ein weiterer Ausfall auftritt bzw. das fehlerhafte Teilsystem repariert wurde.

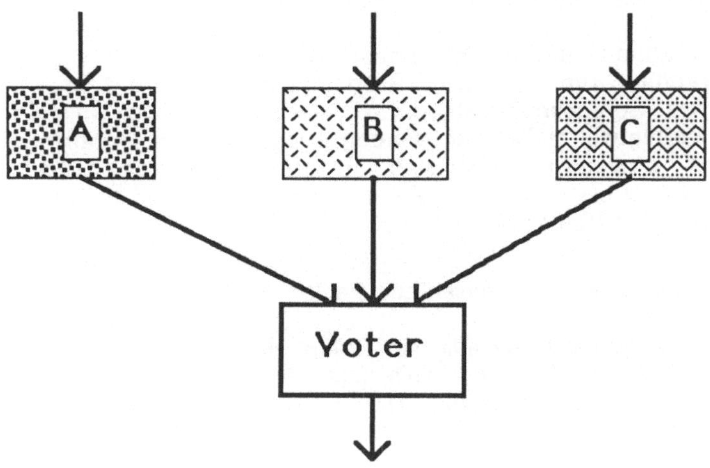

Abb. 6-3:   TMR-System mit Voter

Mit einem 3-von-3-Voter werden auch Doppelfehler erkannt, und nur die identischen Dreifachfehler in einem TMR-diversitären System würden unerkannt bleiben. (Unter Doppelfehler oder Dreifachfehler ist in diesem Zusammenhang immer das Auftreten von ähnlichen Fehlern gemeint, die von einem Voter nicht voneinander unterschieden werden können. Zwei oder drei total voneinander abweichende, fehlerhafte Ergebnisse werden immer erkannt, können keine Mehrheit bilden und können somit nicht zu einer Beeinträchtigung der Sicherheit führen, wenn das Nicht-Vorliegen einer Mehrheit eine sicherheitsgerichtete Aktion zur Folge hat.) Die Sicherheit des Systems würde sich durch die Verwendung des 3-von-3-Voters im Vergleich zum 2-von-3-Voter erhöhen, da weniger Fehlentscheidungen getroffen werden können. Dies geschieht allerdings auf Kosten der Verfügbarkeit, da keine Fehler mehr toleriert werden, jeder Einfach- und jeder Doppelfehler zu einer Fehlermeldung führen und kein Ergebnis vom Voter geliefert werden kann. Damit liegt statt Fehlermaskierung nur noch Fehlererkennung vor.

6.1.1 Diversität durch unterschiedliche Sprachen

Eine Realisierungsform von Software-Diversität ist die Verwendung von unterschiedlichen Programmiersprachen und damit automatisch der Einsatz unterschiedlicher Compiler. Der erwartete Nutzen liegt z. B. in folgenden Punkten:

a) unterschiedliche Sprachen führen zu unterschiedlichen Programmen

> Wenn die Sprachen unterschiedliches Niveau haben (z. B. Assemblersprache und höhere Programmiersprache) oder verschiedenartige Sprachkonstrukte (z. B. for-Schleife und while-Schleife) zur Verfügung stellen, so werden Programmierfehler auch unterschiedlich ausfallen. Hat eine Programmiersprache die Feldindizierung von 0 bis n-1, die andere von 1 bis n, so sind bei der Anwendung unterschiedliche Fehler denkbar.

b) unterschiedliche Compiler haben unterschiedliche Fehler

> Da die Compiler oft von unterschiedlichen Teams entwickelt wurden, ist die Wahrscheinlichkeit für identische Fehler zumindest geringer als wenn identische Compiler eingesetzt werden. Dies wird noch verstärkt, wenn die zugehörigen Sprachen zu unterschiedlichen Familien gehören (z. B. Fortran und Pascal).

c) die Benutzung von Hardware und Betriebssystem ist unterschiedlich.

> Durch die unterschiedlichen Sprachen und Compiler wird auch der Maschinencode bzw. die Reihenfolge der Verwendung von Maschinenbefehlen unterschiedlich sein. Darauf wird im folgenden näher eingegangen.

Anhand eines einfachen Problems, das in Pascal, Fortran und PL/1 programmiert worden ist, soll gezeigt werden, daß die Aktivierung der Maschinenbefehle unterschiedlich ist, auch wenn die Programme einander sehr ähnlich sind. Die Compilerausgaben der jeweiligen Programme in Form der Pseudo-Assemblerbefehle wurden analysiert. Diese Compilerausgaben wurden auf der Siemens 7890 mit IBM Fortran77-, Pascal-VS- und PL/1-Compilern erzeugt.

Abb. 6-4 zeigt die Aufgaben-Spezifikation, Abb. 6-5 bis Abb. 6-7 die entsprechenden Programme in Fortran, Pascal und PL/1.

Gegeben sind zwei gleichgroße quadratische Matrizen A(1:N, 1:N) und B(1:N, 1:N); für den Grad N der Matrizen gilt 1 ≤ N ≤ 99. Die Elemente der Matrizen sind reelle Zahlen einfacher Genauigkeit.

Zu berechnen ist die elementweise Multiplikation der beiden Matrizen, so daß für die Ergebnismatrix

C(1:N, 1:N) gilt:

C(i,j) = A(i,j) * B(i,j).

Der Grad der Matrizen N sowie die Elemente der Matrizen A und B sind einzulesen, und die Ergebnismatrix C ist auszugeben.

Abb. 6-4:   Problem-Spezifikation

Die Analysen der verschiedenen Pseudoassembler-Listings zeigen, daß sich der verwendete Befehlssatz unterscheidet. In Abb. 6-8 ist die Liste der insgesamt 47 benutzten Befehle und die Häufigkeit ihrer Benutzung in den drei Sprachen gegeben. Abb. 6-9 listet die benutzten Befehle nach ihrer Häufigkeit auf. Diese beiden Informationsdarstellungen geben bereits einen Eindruck von der Unterschiedlichkeit der Implementierungen bzw. der Compiler-Ausgaben.

Dies ist aus den beiden folgenden Übersichten noch klarer erkennbar. So zeigt die Abb. 6-10, welche Befehle wie oft in den drei Sprachen gemeinsam benutzt worden sind. So sind in der Pascal-Variante 32 unterschiedliche Assembler-Befehle benutzt (100%), die insgesamt 294 mal verwendet werden (100%). Von diesen 32 Befehlen werden 23 auch in der PL/1-Variante verwendet und machen dort 66% aus, werden 326 mal benutzt, was 85% entspricht. Im Fortran-Programm treten 15 der 32 in Pascal-Programm benutzten Befehle auf, was 75% entspricht, und werden 94mal benutzt, was 90% ausmacht.

Abb. 6-11 geht stärker auf die Trennung zwischen den Sprachen ein, d. h. wieviel Befehle jeweils nur von einem Teil der Sprachen benutzt worden sind, entweder nur in einer oder in zwei Sprachen. Daraus ergibt sich, daß von den 47 Befehlen nur 14 Assemblerbefehle von allen drei Compilern gemeinsam abgesetzt wurden, was in etwa einem Drittel der in den gewählten Programmen vorkommenden Befehle entspricht, 21 nur von einem Compiler (Summe der Diagonalen in Abb. 6-11) und 12 von jeweils zwei Compilern (Summe des oberen Dreiecks in Abb. 6-11).

```
C    DIVERSITAETS-TESTPROGRAMM IN FORTRAN
     INTEGER N

     READ(10,99) N
     CALL MATUP(N)
     RETURN
99   FORMAT(I5)
     END


     SUBROUTINE MATUP(N)
C    ELEMENTWEISE MULTIPLIKATION ZWEIER GLEICHGROSSER MATRIZEN
C    (KEINE MATRIZENMULTIPLIKATION IM NORMALEN SINN)

     REAL*8 A(99,99), B(99,99), C(99,99)
     INTEGER I, J, N

     READ (10,95) ((A(I,J), I=1,N), J=1,N)
10   CONTINUE
     READ (10,95) ((B(I,J), I=1,N), J=1,N)
20   CONTINUE

     DO 30 I=1,N
         DO 30 J=1,N
             C(I,J) = A(I,J) * B(I,J)
30   CONTINUE

     WRITE(11,95) ((C(I,J), I=1,N), J=1,N)
40   CONTINUE
     RETURN
95   FORMAT(F5.2)
     END
```

Abb. 6-5: Fortran Programm

```
PROGRAM MATMULP:
    /* DIVERSITAETS-TESTPROGRAMM IN PASCAL                         * /
    VAR  N:      INTEGER;

PROCEDURE MATUP(VAR N: INTEGER);
/* ELEMENTWEISE MULTIPLIKATION ZWEIER GLEICHGROSSER
MATRIZEN*/
/* (KEINE MATRIZENMULTIPLIKATION IM NORMALEN SINN)                * /

    TYPE  MATRIX = ARRAY[1..99,1..99] OF SHORTREAL;
    VAR   A,B,C: MATRIX;
    VAR   I,J: INTEGER;
    BEGIN
                FOR I:=1 TO N DO
                    FOR J:=1 TO N DO
                          READLN(A[I,J]);
                FOR I:=1 TO N DO
                    FOR J:=1 TO N DO
                          READLN(B[I,J]);
                FOR I:=1 TO N DO
                    FOR J:=1 TO N DO
                          C[I,J]  :=  A[I,J]  *  B[I,J];
                FOR I:=1 TO N DO
                    FOR J:=1 TO N DO
                          WRITELN(C[I,J]);
    RETURN
          /*  END  MATUP */
    END;
    BEGIN
          READLN(N);
          MATUP(N);
          RETURN
END.
```

Abb. 6-6: Pascal Programm

```
MATMULP: PROCEDURE OPTIONS(MAIN);
    /* DIVERSITAETS-TESTPROGRAMM IN PL/1  */
    DCL N              BIN FIXED(15);
    DCL INPUT  FILE INPUT;
    GET FILE(INPUT) EDIT(N) (A(5));
    CALL MATUP(N);

MATUP: PROCEDURE(N);
/* ELEMENTWEISE MULTIPLIKATION ZWEIER GLEICHGROSSER
MATRIZEN*/
/* (KEINE MATRIZENMULTIPLIKATION IM NORMALEN  SINN)          * /

    DCL   A(N,N),B(N,N),C(N,N)      DEC FLOAT,
          I,J,N  BIN FIXED(15),
          INPUT         FILE INPUT,
          OUTPUT        FILE OUTPUT;
    DO I=1 TO N;
        DO J=1TO N;
            GET SKIP FILE(INPUT) EDIT(A(I,J)) (F(5,2));
        END;
    END;
    DO I=1 TO N;
        DO J=1TO N;
            GET SKIP FILE(INPUT) EDIT(B(I,J)) (F(5,2));
        END;
    END;
    DO I=1 TO N;
        DO J=1TO N;
            C(I,J) = A(I,J) * B(I,J);
        END;
    END;
    DO I=1 TO N;
        DO J=1TO N;
            PUT SKIP FILE(OUTPUT) EDIT(C(I,J)) (F(5,2));
        END;
    END;
    RETURN;
    END MATUP;
    RETURN;
END MATMULP;
```

Abb. 6-7: PL/1 Programm

Befehl	Fortran	Pascal	PL/1	in wievielen benutzt
A	1	20	4	3
AH	-	10	8	2
ALR	-	-	3	1
AR	1	6	9	3
B	-	8	10	2
BAL	-	9	-	1
BALR	11	9	34	3
BC	4	2	-	2
BCR	4	-	-	1
BCT	2	-	1	2
BCTR	-	-	1	1
BL	-	8	8	2
BNH	-	-	11	1
BNL	-	8	-	1
BR	-	3	-	1
C	-	8	8	2
CH	-	16	8	2
CL	-	-	3	1
DC	12	14	10	3
DS	-	17	-	1
L	24	40	65	3
LA	9	18	42	3
LD	-	3	-	1
LE	1	2	1	3
LH	-	1	41	2
LM	3	2	2	3
LR	8	27	11	3
LTR	2	-	-	1
ME	1	1	1	3
MH	-	4	7	2
MVC	-	2	4	2
MVI	-	-	9	1
N	-	-	1	1
NOPR	-	-	2	1
OI	-	-	2	1
S	-	-	6	1
SLA	-	4	6	2
SLL	1	-	1	2
SLR	1	-	-	1
SR	1	3	1	3
ST	15	39	37	3
STD	-	1	-	1
STE	1	3	1	3
STH	-	-	18	1
STM	2	2	8	3
SWR	-	1	-	1
USING	-	3	-	1
47	104	294	384	

Abb. 6-8: Pseudoassembler-Befehle in den drei Programmen (alphabetisch geordnet)

Fortran		Pascal		PL/1	
Befehl	**#**	**Befehl**	**#**	**Befehl**	**#**
L	24	L	40	L	65
ST	15	ST	39	LA	42
DC	12	LR	27	LH	41
BALR	11	A	20	ST	37
LA	9	LA	18	BALR	34
LR	8	DS	17	STH	18
BC	4	CH	16	BNH	11
BCR	4	DC	14	LR	11
LM	3	AH	10	B	10
BCT	2	BAL	9	DC	10
LTR	2	BALR	9	AR	9
STM	2	B	8	MVI	9
A	1	BL	8	AH	8
AR	1	BNL	8	BL	8
LE	1	C	8	C	8
ME	1	AR	6	CH	8
SLL	1	MH	4	STM	8
SLR	1	SLA	4	MH	7
SR	1	BR	3	S	6
STE	1	LD	3	SLA	6
		SR	3	A	4
		STE	3	MVC	4
		USING	3	ALR	3
		BC	2	CL	3
		LE	2	LM	2
		LM	2	NOPR	2
		MVC	2	OI	2
		STM	2	BCT	1
		LH	1	BCTR	1
		ME	1	LE	1
		STD	1	ME	1
		SWR	1	N	1
				SLL	1
				SR	1
				STE	1
20	104	32	294	35	384

Abb. 6-9: Pseudoassembler-Befehle in den drei
Programmen (nach Häufigkeit geordnet)

Befehle in:

auch benutzt in:	Pascal	PL/I	Fortran
Pascal			
Bef./ %	32/100	23/72	15/47
Häufigk./%	294/100	247/84	189/64
PL/I			
Bef./%	23/66	35/100	16/46
Häufigk./%	326/85	384/100	228/59
Fortran			
Bef./%	15/75	16/80	20/100
Häufigk./%	94/90	93/89	104/100

Abb. 6-10: Unterschiedliche Befehle und Häufigkeiten

Befehle in:

nur gemeinsam benutzt in:	Pascal	PL/I	Fortran
Pascal	8	9	1
PL/I	9	10	2
Fortran	1	2	3

Abb. 6-11: Nur teilweise gemeinsam benutzte Befehle
(Restliche 14 Befehle in allen drei Programmen verwendet)

Aus den Abb. 6-10 und 6-11 kann ferner abgelesen werden, daß z. B. von den 35 Befehlen im PL/I-Programm 10 ausschließlich im PL/I-Programm selbst benutzt werden, 9 weitere gemeinsam im PL/I- und im Pascal-Programm, weitere 2 nur in PL/I und Fortran, und nur die verbleibenden 14 in allen drei Programmen.

Aus diesen Daten kann gefolgert werden, daß die Maschinenbenutzung, d. h. die Hardware-Benutzung der verschiedenen Compiler und Sprachen unterschiedlich ist.

Schon bei der einfachen Multiplikation von zwei Feldelementen ergeben sich zwischen den drei Sprachen erhebliche Unterschiede. Bei der Compilierung der Anweisung

$$C(i,j) \; = \; A(i,j) \; * \; B(i,j)$$

erzeugt der Pascal-Compiler 21 und der PL/1-Compiler 24 Befehle, während der Fortran-Compiler nur 11 Assembler-Befehle erzeugt. Bei PL/1 und Fortran setzen sich diese aus neun verschiedenen Befehlen zusammen, während es bei Pascal 12 sind. Nur vier Befehle sind in allen drei Varianten identisch (AR, LE, ME, STE). Was noch stärker auf die Unterschiedlichkeit hinweist, ist die Tatsache, daß nur in PL/1 und Fortran eine Befehlssequenz von der Länge 2 einmal identisch ist (ME, STE), ansonsten in den drei Programmstücken nur unterschiedliche Reihenfolgen der Befehle vorkommen (Abb. 6-12).

In Abb. 6-13 ist zusammengefaßt, wie sich die Anzahl der Befehle, die absolute Häufigkeit ihres Auftretens und die relative Häufigkeit in den drei Programmen verhalten. So wurden von den 9 verschiedenen Befehlen im PL/1-Programm 5 auch im Fortran-Programm und 6 im Pascal-Programm verwendet, und zwar mit der Häufigkeit 5 (7) im Fortran- (Pascal-) Programm, was einer relativen Häufigkeit von 45% (33%) entspricht. Die relative Häufigkeit liegt in diesem Beispiel maximal bei 55%. Wenn man die in allen drei Programmen identischen Assembler-Befehle betrachtet, so sieht man, daß diese nur 24-36% ausmachen, also eindeutig den kleineren Teil.

Damit zeigt bereits diese bei der Betrachtung rein zufällig ausgewählte Operation einen großen Unterschied in der Umsetzung in Assemblerbefehle und damit der Maschinencodebenutzung. Daraus kann gefolgert werden, daß durch die Verwendung von unterschiedlichen Programmiersprachen und damit verbunden unterschiedlichen Compilern eine Diversität bei der Benutzung der Hardware erreicht wird.

Die hier gezeigten Beispiele sind zwar zufällig ausgewählt, die dabei beobachteten Zahlen können also nicht unbedenklich als repräsentativ betrachtet werden. Es ist aber offensichtlich, daß unterschiedliche Sprachen mit unterschiedlichen Compilern zu einer unterschiedlichen Hardware-Nutzung führen. Gegenüber einer Realisierung eines 3-fach redundanten Systems einheitlich in einer Sprache und einem Compiler können mit einer dreifach diversitären Lösung, also drei Sprachen mit entsprechenden Compilern folgende Fehler mindestens teilweise entdeckt bzw. toleriert werden:

- fehlerhafte Verarbeitung eines einzelnen Maschinenbefehls

- fehlerhafte Bearbeitung einer Folge von Maschinenbefehlen

da dieser Befehl oder diese Befehlsfolge z. B. nicht in allen Varianten vorkommt oder nicht in allen Varianten zur Berechnung eines Teilergebnisses benutzt wird.

Will man eine quantitative Aussage, so läßt sich als Abschätzung aufgrund der obigen Beispiele sagen, daß mindestens 50% derartiger Fehler aufgedeckt werden können.

PL/1	Fortran	Pascal
L	LR	CH
MH	SLL	BAL
LH	ST	CH
SLA	LR	BAL
AR	MR	MH
L	AR	LR
MH	ST	AH
LH	LE	CH
SLA	L	BAL
AR	ME	CH
L	STE	BAL
MH		SLA
LH		LR
SLA		A
AR		LA
L		LE
S		AR
L		ME
S		A
L		AR
S		STE
LE		
ME		
STE		

Abb. 6-12: **Umsetzung von C(I,J)=A(I,J)*B(I,J) in Pseudo-Assembler für Fortran, Pascal und PL/1**

Befehle in:

auch benutzt in:	Pascal	PL/I	Fortran
Pascal			
Bef./ %	12/100	6/50	5/42
Häufigk./%	21/100	7/33	7/33
PL/I			
Bef./%	6/67	9/100	5/56
Häufigk./%	12/50	24/100	12/50
Fortran			
Bef./%	5/56	5/56	9/100
Häufigk./%	6/55	5/45	11/100
in allen drei Programmen ident. Befehle			
Bef./%	4/33	4/44	4/44
Häufigk./%	5/24	6/25	4/36

Abb. 6-13: Vergleich der Pseudo-Assembler-Ausgaben der drei Compiler für C(I,J)=A(I,J)*B(I,J)

6.1.2 Fehler im TMR-System

Um zu einer Aussage über den Nutzen von Diversität und die Fehlerarten, die durch Diversität erkannt werden, kommen zu können, vergleichen wir den Einsatz von identischer Software in einem dreifach redundanten System mit dem Einsatz von diversitärer Software in einem dreifach redundanten System, denn nur so kann eine gerechte Bewertung durchgeführt werden. Bei der Aufstellung der Formeln vernachlässigen wir zunächst die Fehler in dem Voter. Sie dürfen zwar nicht außer acht gelassen werden, spielen aber zunächst keine Rolle beim Vergleich der beiden Realisierungen, da sie in beiden gleichermaßen auftreten, wenn die Komplexität der Voter identisch ist. Bei diversitärer

Software kann aber ggf. ein aufwendigerer Voter notwendig sein. Darauf gehen wir später noch ein.

Ebenso berücksichtigen wir zunächst die Hardware nicht. Wir gehen vom idealisierten Fall einer fehlerfreien Hardware aus, die keinen Einfluß auf die Fehlerbetrachtung der Software hat.

Die Fehler in einem dreifach homogen redundanten System sind identisch und werden daher auch mit ziemlicher Sicherheit zur gleichen Zeit auftreten, wenn sie mit denselben Daten versorgt werden. Die Zahl der insgesamt in einem dreifach homogen redundanten System vorhandenen Fehler ergibt sich zunächst zu

$$F_{TMR,3\_H} = 3 * |F_{Strang}|. \tag{6.1}$$

Dabei ist $|F_{Strang}|$ die Anzahl der Fehler in einem der modularen Stränge, also die Anzahl der Elemente in der Menge F_{Strang}, ihre Mächtigkeit. Vereinfacht schreiben wir dafür

$$F_{Strang} = |F_{Strang}|.$$

Bei einer statischen Systembetrachtung, insbesondere auch bei Fragen nach der Korrektheit von Software, ist die Menge der Fehler F_{Strang} von Bedeutung, bei einer dynamischen Systembetrachtung, d. h. der Auswirkungen der Fehler zur Laufzeit, ist die Auswirkung der Fehler wichtiger.

Betrachten wir nicht nur die Menge der Fehler F, sondern die sich auswirkenden Fehler FA, so gilt:

$$FA_{TMR,3\_H} = F_{Strang} \tag{6.2}$$

D. h. jeder systematische Fehler in einem TMR-System wirkt sich auf das gesamte homogen redundante System aus, da dieser Fehler, wenn er auftritt, in der Regel in allen Systemen gleichzeitig und gleichartig auftritt.

Die Zahl der sich auswirkenden Fehler ist aber andererseits unabhängig von der Zahl der homogen redundanten Stränge, da alle Fehler identisch sind, also keine neuen Fehler durch die zusätzlichen Stränge hinzukommen.

In sicherheitsrelevanten Anwendungsbereichen ist wiederum nur die Untermenge der Fehler von Bedeutung, die sich gefährlich auswirken können. Da diese Unterscheidung aber jeweils nur im Einzelfall und anwendungsspezifisch gemacht werden kann, wird darauf nicht näher eingegangen. Eigenständige Untersuchungen, z. B. mit Hilfe von Fehlerbaum-Untersuchungen /Leveson83/, können benutzt werden, um prozeßspezifische gefährliche Fehler und Fehlerstellen festzustellen.

Auch die Häufigkeit des Auftretens von Daten aus dem fehlererzeugenden Eingabedatenbereich während der Benutzung des Systems ist von Bedeutung. So kann z. B. ein großer fehlerhervorrufender Eingabedatenbereich mit einer seltenen Aktivierung wie auch ein kleiner Bereich mit häufiger Aktivierung vorkommen. Dies zeigt, daß die absolute Mächtigkeit des fehlerhervorrufenden Eingabedatenbereichs allein nur eine unzureichende Information bietet. Die Aktivierungshäufigkeit ist eine wesentlichere Zahl.

Wenn statt identischer Software in einem TMR-System diversitäre Software (Varianten A, B, C) eingesetzt wird, so gilt analog zu (6.1)

$$F_{TMR,3\_D} = |F_{Strang}(A)| + |F_{Strang}(B)| + |F_{Strang}(C)| \approx 3 * |F_{Strang}|. \quad (6.3)$$

Die Approximation in (6.3) kann nur gemacht werden unter der Annahme, daß die Zahl der Fehler in den drei Varianten A, B und C in etwa identisch ist, es also keine bessere und keine schlechtere Variante gibt. Die Gesamtzahl der vorhandenen Fehler ist für ein homogen redundantes (6.1) und ein diversitär redundantes TMR-System (6.3) also gleich.

Dies ist verständlich, da sich durch die Realisierung von Diversität die Qualität der einzelnen Varianten nicht verändert, die Anzahl der Fehler in einem Programm ist unabhängig davon, ob es als einzelnes oder im Rahmen der Diversität als eine Variante realisiert worden ist.

Für die Auswirkung der Fehler gilt dagegen im diversitären Fall nicht die einfache Analogie zu (6.2). Hier muß berücksichtigt werden, daß in den diversitären Systemen nicht notwendigerweise nur identische bzw. sich identisch auswirkende Fehler existieren. Ein nachgeschalteter Voter bzw. Vergleicher eliminiert alle Einzelfehler - d. h. Fehler, die nur in einer Variante existieren -, und nur die Doppel- und Dreifach-Fehler können sich negativ auswirken.

Die Fehler in einer Variante innerhalb eines TMR-Systems lassen sich also einteilen in Einzelfehler, Doppelfehler und Dreifachfehler:

$$
\begin{aligned}
F_{Strang}(A) = &\; [\, F_{Strang}(A) \setminus F_{Strang}(B) \setminus F_{Strang}(C) \,] \\
&\cup [((\, F_{Strang}(A) \cap F_{Strang}(B) \,) \setminus F_{Strang}(C) \,) \\
&\quad \cup (\, F_{Strang}(A) \cap F_{Strang}(C) \,) \setminus F_{Strang}(B) \,] \\
&\cup [\, F_{Strang}(A) \cap F_{Strang}(B) \cap F_{Strang}(C) \,]
\end{aligned}
\qquad (6.4)
$$

Der erste eckige Klammerausdruck enthält die Einzelfehler, der zweite die Doppelfehler und der dritte die Dreifachfehler.

Sei c_A der Anteil der Einzelfehler in der Variante A:

$$c_A = (\mid F_{Strang}(A) \setminus F_{Strang}(B) \setminus F_{Strang}(C) \mid) \; / \mid F_{Strang}(A) \mid, \qquad (6.5)$$

c_{AB} der Anteil der Doppelfehler in A, die auch in der Variante B sind, aber nicht in der Variante C:

$$c_{AB} = (\mid (F_{Strang}(A) \cap F_{Strang}(B)) \setminus F_{Strang}(C) \mid) \; / \mid F_{Strang}(A) \mid, \qquad (6.6)$$

analog c_{AC} der Anteil von Doppelfehlern in A, die auch in C sind:

$$c_{AC} = (\mid (F_{Strang}(A) \cap F_{Strang}(C)) \setminus F_{Strang}(B) \mid) \; / \mid F_{Strang}(A) \mid, \qquad (6.7)$$

und schließlich c_{ABC} der Anteil an Dreifachfehlern in A:

$$c_{ABC} = (\mid F_{Strang}(A) \cap F_{Strang}(B) \cap F_{Strang}(C) \mid) \; / \mid F_{Strang}(A) \mid. \qquad (6.8)$$

Diese Anteile sind jeweils bezogen auf die Fehler in A und enthalten somit insgesamt alle Fehler in A, es gilt also

$$c_A + c_{AB} + c_{AC} + c_{ABC} = 1.$$

Mit diesen Größen ergibt sich zunächst die Gesamtzahl der Fehler entsprechend (6.3) zu

$$F_{TMR,3\_D} = (c_A + c_{AB} + c_{AC} + c_{ABC}) * \mid F_{Strang}(A) \mid$$
$$+ (c_B + c_{BA} + c_{BC} + c_{BCA}) * \mid F_{Strang}(B) \mid.$$
$$+ (c_C + c_{CA} + c_{CB} + c_{CAB}) * \mid F_{Strang}(C) \mid.$$

Hierbei werden die Mehrfachfehler bewußt mehrfach gezählt, da sie in mehreren Varianten vorkommen, dort also zur Gesamtfehlerzahl dazugehören.

Bei gleicher Fehlerzahl in den Varianten, d. h. $\mid F_{Strang}(A) \mid = \mid F_{Strang}(B) \mid = \mid F_{Strang}(C) \mid$, gilt ferner:

$$c_A = c_B = c_C$$

$$c_{AB} = c_{BA}$$

$$c_{AC} = c_{CA}$$

$$c_{BC} = c_{CB}$$

$$c_{ABC} = c_{BCA} = c_{CAB}$$

Damit ergibt sich die Gesamtzahl der vorhandenen Fehler wieder zu

$$F_{TMR,3\_D} = 3 * (c_A + c_{AB} + c_{AC} + c_{ABC}) * |F_{Strang}(A)| = 3 * |F_{Strang}(A)|$$

Da sich aber die Einfachfehler aufgrund der Fehlermaskierungseigenschaft eines 2-von-3-Voters nicht auswirken können, sondern nur die Mehrfachfehler, die eine Mehrheit bilden können, und diese bei der Betrachtung der sich auswirkenden Fehler nur einfach zu zählen sind, erhalten wir statt (6.2) für diversitäre Redundanz die Zahl der sich auswirkenden Fehler in einem TMR-System zu

$$FA_{TMR,3\_D} = (c_{AB} + c_{BC} + c_{AC} + c_{ABC}) * F_{Strang} = c * F_{Strang} \qquad (6.9)$$

Nur der Anteil an Doppel- und Dreifachfehlern kann sich auswirken und muß folglich berücksichtigt werden. Das gleichzeitige Auftreten von demselben Fehler in allen drei diversitären Programmen ist bei unterschiedlichen Varianten geringer als bei identischen Programmen. Die Existenz von identischen Fehlern kann aber auch nicht total ausgeschlossen werden. Daher enthält Formel (6.9) Faktoren, die dem relativen Anteil an identischen Fehlern in den jeweiligen Varianten entsprechen.

Abb. 6-14 erläutert die Bedeutung der vier Faktoren: c_{AB} z. B. bestimmt den Anteil der Fehler, die in den Programmen A und B identisch sind, aber nicht in C vorkommen. Die einzelnen Faktoren sind jeweils kleiner gleich 1, der gesamte Klammerausdruck in (6.9) kann jedoch auch größer als 1 sein. Dies ist z. B. der Fall, wenn die Mehrzahl der Fehler einer Variante identisch ist mit den Fehlern der anderen Varianten.

Seien z. B. 50% der Fehler von A auch in B (c_{AB} = 0,5), 40% der Fehler von B auch in C (c_{BC} = 0,4) und 40% der Fehler von C auch in A (c_{AC} = 0,4), ohne daß ein Fehler in allen drei Programmen gleichzeitig ist (c_{ABC} = 0). Damit ergibt sich als Summenfaktor c = 1,3. In diesem Fall hat das diversitäre TMR-System mehr Fehler, die sich auswirken, als ein entsprechendes homogenes TMR-System, da

$$FA_{TMR,3\_H} = F_{Strang}, \quad \text{aber}$$

$$FA_{TMR,3\_D} = 1,3 * F_{Strang}.$$

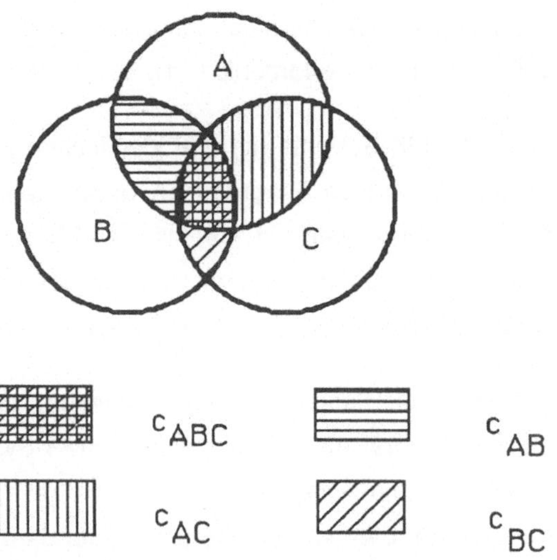

Abb. 6-14: **Identische und nicht-identische Fehler bei drei Varianten**

Somit muß bei der diversitären Entwicklung angestrebt werden, daß die Mehrheit der Fehler nur in jeweils einer Varianten existiert, die mehrfach auftretenden Fehler hingegen in der Minderheit sind, also folgende Ungleichungen gelten:

$$c_{AB} + c_{AC} + c_{ABC} < 0{,}5 \quad \text{und} \quad c_A > 0{,}5 \tag{6.10a}$$

$$c_{AB} + c_{BC} + c_{ABC} < 0{,}5 \quad \text{und} \quad c_B > 0{,}5 \tag{6.10b}$$

$$c_{BC} + c_{AC} + c_{ABC} < 0{,}5 \quad \text{und} \quad c_C > 0{,}5 \tag{6.10c}$$

Bei Gültigkeit der Formeln (6.10a) - (6.10c) ergibt sich die Gültigkeit der Formel:

$$c = c_{AB} + c_{BC} + c_{AC} + c_{ABC} < 1, \tag{6.11}$$

denn

$$(c_{AB} + c_{AC}) \qquad + (c_{BC} + c_{ABC}) \leq$$

$$(c_{AB} + c_{AC} + c_{ABC}) + (c_{AB} + c_{BC} + c_{ABC}) < 0{,}5 + 0{,}5.$$

Wenn die Formeln (6.10a) - (6.11) erfüllt sind, dann hat das diversitäre TMR-System eine geringere Fehlerauswirkung als ein nicht-diversitäres TMR-System. Je kleiner die Summe in (6.11), also der Faktor c ist, desto größer ist die Auswirkung der Diversität. Offen bleibt dann aber noch die Frage, ob sich die Diversität auch lohnt beim Vergleich von Nutzen und Aufwand. Dazu sind weitere Detaillierungen erforderlich, die später folgen.

Wir können die Realisierung eines TMR-Systems mit drei identischen Programmen auch als Spezialfall der Realisierung mit diversitären Programmen betrachten. Die Fehler sind in diesem Fall alle identisch. Wir haben also $c_{ABC} = 1$ und die übrigen $c_{ij} = 0$. Daraus folgt, daß eine Realisierung mit identischen Programmen fehlerärmer und daher günstiger sein kann als eine Realisierung mit schlechter Diversität, wie sie im Beispiel zuvor gezeigt wurde.

Allgemein muß bei der Betrachtung der Fehler, die sich auswirken, unterschieden werden, in welcher Form sie sich auswirken. Bei einem homogenen NMR-System mit identischer Vervielfachung wirken sich die systematischen Fehler identisch aus, sofern nicht durch Abweichungen der Eingabedaten in den verschiedenen Redundanzen unterschiedliche Verarbeitungen erfolgen. Eine Fehlentscheidung wird also in der Regel nicht erkannt und kann so zu einem unerwünschten fehlerhaften Zustand führen.

Bei einem diversitären NMR-System können sich nicht nur systematisch-identische Fehler identisch auswirken, sondern auch unterschiedliche interne Fehler können die gleiche Fehlerauswirkung haben und somit für einen Voter nicht unterscheidbare Ergebnisse liefern. Sie sind daher in ihrer Auswirkung mit den systematisch-identischen Fehlern gleichzusetzen.

Andererseits können sich Fehler auch kompensieren oder addieren. Daher ist es möglich, daß ein systematisch-identischer Fehler in zwei Varianten sich nicht gleichartig auswirkt, da aus der unterschiedlichen (korrekten oder nicht-korrekten) Weiterverarbeitung unterscheidbare (korrekte oder nicht-korrekte) Ergebnisse resultieren. Unterscheidbare Ergebnisse führen aber im Voter nicht zu einer Mehrheitsbildung und können sich somit nicht unerwünscht auswirken.

Die Betrachtung der Fehlerauswirkung wollen wir nun von drei auf n Systeme erweitern. Die Frage nach der Anzahl von Mengen mit einer bestimmten Fehlerhäufung ist identisch mit der Frage nach der Anzahl von k-Tupeln aus einer Menge von n Elementen, wobei kein Element im Tupel mehrfach sein soll und bis auf Reihenfolge identische Tupel sollen auch identisch sein und nur einmal zählen.

Dazu benötigen wir den folgenden Satz aus der Kombinatorik:

Satz: Jede Menge von der Mächtigkeit n hat

$$\binom{n}{k} = \{ n * (n-1) * \ldots * (n-k+1)\} / \{1 * 2 * \ldots * k\} = n! / [\, k!\, (n-k)!\,]$$

Teilmengen von der Mächtigkeit k.

Dieser Satz gibt uns an, wieviel verschiedene Kombinationen an Einfach-, Doppel- und Mehrfach-Fehlern in einem System mit n redundanten Teilsystemen existieren können. So existieren in einem System von n Varianten $\binom{n}{1} = n$ Mengen mit Einfachfehlern, $\binom{n}{2}$ Mengen mit Doppelfehlern, $\binom{n}{3}$ Mengen mit Dreifachfehlern usw. Jede Kombination wird nur einfach gezählt, die gemeinsamen Doppelfehler von zwei Varianten A und B also nicht sowohl als Doppelfehler in A und als Doppelfehler in B.

Zusätzlich zu dieser Angabe der Mächtigkeit, d. h. der Anzahl von Kombinationen, benötigen wir noch eine Aussage über die jeweilige Zahl der Fehler in den einzelnen Klassen, also die Zahl der Einfach-, Doppel- und Mehrfachfehler in einer Variante.

Bezeichnen wir mit C_i den Anteil der i-fachen Fehler in einer Variante, so gilt zunächst für eine Variante innerhalb eines n-fach redundanten Systems

$$C_1 + C_2 + \ldots + C_n = 1$$

und für eine Variante i gilt

$$C_1 = c_i$$

$$C_2 = \sum_{j=1}^{n} c_{ij} \qquad \text{für } j \neq i$$

$$C_3 = \sum_{j=1}^{n-1} \sum_{k=j+1}^{n} c_{ijk} \qquad \text{für } j \neq i,\ k \neq i$$

$$\ldots$$

$$C_n = c_{1\,2\,\ldots\,n}$$

Wenn wir zunächst davon ausgehen, daß alle Varianten von gleicher Qualität sind, wir also nicht zwischen den Varianten unterscheiden müssen, so genügt es, von einer einheitlichen Fehlerverteilung der Einzel- und Mehrfach-Fehler bei den Varianten auszugehen.

Wenn F_{Strang} wieder die Zahl der Fehler in einer Variante angibt, so erhalten wir mit $C_i *$ F_{Strang} die Zahl der i-fachen Fehler in einer Variante. Die Gesamtzahl der unterschiedlichen Fehler im System bezeichnen wir mit FD. Die Zahl der diversitären Fehler in einem NMR-System mit n-facher Diversität ergibt sich dann zu

$$FD_{NMR,n\_D} = \sum_{i=1}^{n} \binom{n}{i} * \frac{1}{i} * C_i * F_{Strang}. \qquad (6.12)$$

Die Mengen der i-fachen Fehler sind dabei jeweils zueinander disjunkt. Jeder Mehrfachfehler ist nur in einer Menge enthalten. Da die Anteile C_i alle i-fachen Fehler einer Variante zählen, werden diese Fehler bei jeder Variante gezählt, also jeweils i-fach. Daher enthält (6.12) den Faktor $\frac{1}{i}$, um diese Mehrfachfehler nur einfach zu zählen.

Betrachten wir z. B. ein TMR-System mit den Varianten A, B und C. Der Anteil an Einzel- und Mehrfachfehlern ergibt sich wie in (6.5) - (6.8). Die in A und B gemeinsamen Doppelfehler sind in c_{AB} und c_{BA} berücksichtigt, aber nur einer dieser Faktoren wird berücksichtigt, d. h. alle bis auf Permutationen der Indizes identischen Faktoren c_{xy} zählen nur einmal. Damit ergibt sich, da von einer Gleichverteilung der Fehler ausgegangen wurde, daß die C_i jeweils ein beliebiges Element aus der entsprechenden Menge der Faktoren sein kann:

$$C_1 \in \{ c_A, c_B, c_C \}$$

$$C_2 \in \{ (c_{AB} + c_{AC}), (c_{BA} + c_{BC}), (c_{CA} + c_{CB}) \}$$

$$C_3 \in \{ c_{ABC} \}$$

Während die Zahl der Fehler gemäß (6.3)

$$F_{NMR,n\_D} = n * F_{Strang} = n * | F_{Strang} |$$

ist, ergibt sich die Zahl der unterschiedlichen Fehler zu (6.12). Dabei gilt, da die Mehrfachfehler jeweils nur einfach gezählt werden,

$$FD_{NMR,n\_D} \leq F_{NMR,n\_D}.$$

Die Gleichheit gilt nur, wenn alle Fehler Einfach-Fehler sind, also nur in jeweils einer Variante vorkommen. Denn dann gilt

$$C_1 = 1$$

$$C_i = 0 \qquad \text{für } i > 1$$

und damit

$$FD_{NMR,n\_D} = \sum_{i=1}^{n} \binom{n}{i} * \frac{1}{i} * C_i * F_{Strang}$$

$$= \binom{n}{1} * \frac{1}{1} * C_1 * F_{Strang}$$

$$= n * F_{Strang}$$

Die sich am Voterausgang auswirkenden Fehler in einem NMR-System reduzieren sich zu den mehrheitsbildenden Fehlern

$$FA_{NMR,n\_D} = \sum_{i=k}^{n} \binom{n}{i} * \frac{1}{i} * C_i * F_{Strang} \qquad (6.13)$$

$$\text{mit} \quad k = \frac{n}{2} \qquad \text{falls n geradzahlig}$$

$$k = \frac{(n+1)}{2} \qquad \text{falls n ungeradzahlig.}$$

Die Fehler in einem diversitären System, die sich auswirken können, setzen sich also zunächst einmal aus den in einer Mehrheit der Varianten vorhandenen identischen Fehler zusammen. Gleichung (6.13) ist die Verallgemeinerung von Gleichung (6.9).

Es gilt

$$FA_{NMR,n\_D} \leq FD_{NMR,n\_D},$$

wobei die Gleichheit nur gilt, wenn $C_i = 0$ für i<k, d. h. wenn alle Fehler Mehrfachfehler sind und in mindestens k Varianten, also der Mehrheit der Varianten, vorkommen.

FD bezeichnet also alle unterschiedlichen Fehler, während FA nur den Anteil der Fehler, die in einer Mehrheit der Varianten existieren, bestimmt.

Je größer die Diversität ist, desto kleiner sollten die C_i (für i=k,...,n) sein, d. h. desto geringer die Zahl der identischen Fehler. In einem System ohne Diversität haben wir

$$C_n = 1,$$

die Fehler sind in allen Varianten identisch, und für alle i<n gilt $C_i = 0$. Je größer die Diversität ist, desto mehr Fehler verlagern sich von der zu C_n gehörigen Klasse der n-fach Fehler zu den zu C_i, i<n, gehörigen Klassen der i-fach Fehler. Im Idealzustand der vollkommenen Diversität haben wir alle Fehler in der zu C_1 gehörenden Klasse der Einfachfehler, alle Fehler sind nur in jeweils einer Variante enthalten.

Wir betrachten daher folgende Definition:

> Eine <u>ideale Diversität</u> (totale Diversität, vollkommene Diversität) ist eine Realisierung einer n-fachen Redundanz, n>1, so daß die n Varianten keine identischen Fehler enthalten, d. h.
>
> $$\forall i>1: C_i = 0.$$

Das Erreichen einer idealen Diversität ist das Ziel der Anwendung von Diversität, doch ist es erfahrungsgemäß nicht vollständig erreichbar.

6.1.3 Abstandsfunktion

Wir betrachten nun eine andere Darstellung der Fehler in einem diversitär redundanten System. Wenn wir von einer identischen Fehlerhäufigkeit in den einzelnen Varianten ausgehen, so ist die Gesamtzahl der Fehler in n (identischen) Programm-Kopien PK(i) und in n (diversitären) Programm-Varianten PV(i) zwar identisch. Diversität resultiert aber - zumindest teilweise - auch in diversitären Fehlern. Bei den Kopien PK(i) haben wir nur F_{Strang} unterschiedliche Fehler, während bei den Varianten PV(i) die Zahl der unterschiedlichen Fehler FD_n durch den Diversitätsgrad mitbestimmt ist:

$$FD_n = F_{Strang}(PV(1)) + \sum_{i=2}^{n} d(i) * F_{Strang}(PV(i)) \quad \text{mit} \quad 0 \le d(i) \le 1 \quad (6.14)$$

Jede der zusätzlichen Varianten PV(i)   {i=2,...,n} trägt nur durch die Zahl der neuen, diversitären Fehler, die noch nicht in der bisherigen Summe enthalten waren, zur Gesamtfehlerzahl bei.

Haben wir identische Kopien vorliegen, so sind die Faktoren $d(i)=0$, d. h. die weiteren Varianten, in diesem Fall identische Kopien, tragen nicht zu einer Erhöhung der Gesamtfehlerzahl von unterschiedlichen Fehlern bei. Je größer die Diversität ist, desto mehr unterschiedliche Fehler haben wir (bei identischer Fehlerverteilung).

Haben wir die ideale Diversität vorliegen, so sind auch alle Fehler unterschiedlich und alle Faktoren $d(i)=1$, alle Fehler von jeder Variante führen zu einer Erhöhung der Gesamtfehlerzahl.

Bei dieser Form der Darstellung muß allerdings auf folgende Randbedingung geachtet werden. Die Faktoren $d(i)$ sind von der Reihenfolge, in der die Varianten betrachtet werden, abhängig, wenn jeweils alle in der bisherigen Teilsumme noch nicht enthaltenen Fehler der betrachteten Variante gezählt werden sollen. Dies soll an folgendem Beispiel erläutert werden.

Wir betrachten ein System mit den vier Varianten V(1), ..., V(4), von denen jede 10 Fehler enthalte. Sei V(1) eine Variante, die 3 Fehler hat, die nur in V(1) vorkommen ($c_{V(1)}$ = 3/10), 2 Fehler, die in V(1) und V(2) identisch sind ($c_{V(1)V(2)}$ = 2/10), 4 Fehler, die in V(1) und V(3) sind ($c_{V(1)V(3)}$ = 4/10), und 1 Fehler, der in V(1) und V(4) identisch ist ($c_{V(1)V(4)}$ = 1/10) (vgl. Abb. 6-15). Ähnliche Fehlerverteilungen existieren für die Varianten V(2), V(3) und V(4). Die Gesamtfehlerzahl der vier Varianten steht zwar fest, aber bei unterschiedlicher Reihenfolge des Systemzusammenbaus ergeben sich für die einzelnen Varianten unterschiedliche Beiträge zur Gesamtfehlerzahl. Bei Anwendung von Formel (6.14) ergibt sich im 1. Fall, wenn die Reihenfolge V(1), V(2), V(3), V(4) ist, für die entsprechenden $d(i)$ die Werte in der ersten Zeile von Abb. 6-15b, im 2. Fall, wenn die Reihenfolge V(1), V(4), V(2), V(3) ist, ergibt sich die zweite Zeile von $d(i)$ in Abb. 6-15b. So trägt die Variante V(2) einmal 8 (als 2. Variante), das andere mal 6 Fehler (als 3. Variante) bei.

	V(1)	V(2)	V(3)	V(4)
V(1)	3/10	2/10	4/10	1/10
V(2)	2/10	4/10	2/10	2/10
V(3)	4/10	2/10	2/10	2/10
V(4)	1/10	2/10	2/10	5/10

Abb. 6-15a: Anteil an Einzel- und Doppelfehlern c_{ij}

	i	1	2	3	4
1.	d(i)	10	8	4	5
2.	d(i)	10	9	6	2

Abb. 6-15b: Diversitätsfaktoren d(i)

Will man aus der oben beschriebenen Beispielkonfiguration ein TMR-System zusammenstellen, so kann man z. B. durch Wahl von V(1), V(2) und V(3) eine Zahl von 22 unterschiedlichen Fehlern erhalten, während die Zusammenstellung V(1), V(4) und V(2) 25 unterschiedliche Fehler liefert.

Wählt man die Darstellung mit diesen reihenfolge-abhängigen d(i), so ergibt jede Teilsumme die für das entsprechende Teilsystem geltende Zahl von unterschiedlichen Fehlern. Wenn reihenfolge-unabhängige d'(i) genommen würden, so könnte man keine Teilsystem-Aussage treffen; je nach Lage könnten die Teilsummen eine zu hohe oder zu niedrige Fehlerzahl für das entsprechende Teilsystem angeben.

Dies deutet auf eine Schwierigkeit bei der Bestimmung der Diversität hin. Eine Variante kann keine abstrakte, allgemeingültige Diversität besitzen, sondern diese Diversität gilt immer nur in Relation zu einer anderen Variante bzw. einem existierenden Teilsystem, das bereits aus mehreren Varianten bestehen kann. Mit der Änderung der Zusammensetzung des Teilsystems bzw. in Relation zu einer anderen Variante verändert sich auch der Diversitätsfaktor d(i) der Variante i.

Es ist daher besser, man spricht von einer Abstandsfunktion, die zwischen den einzelnen Varianten gilt. Diese Form der Darstellung macht es deutlich und plausibel, daß diese Relation keine Konstante für eine Variante ist, sondern abhängig ist von dem Gegenpart.

Wir definieren damit die Diversitäts-Relation r_d als Funktion

$$r_d \ : \ (V_1, V_2) \ \longrightarrow \ [0,1]$$

für die gilt:

$$r_d \ (V_1, V_1) = 0$$

$$r_d \ (V_1, V_2) = 0 \ \text{wenn alle Fehler in } V_1 \text{ und } V_2 \text{ identisch sind}$$

$$r_d \ (V_1, V_2) = 1 \ \text{wenn } V_1 \text{und } V_2 \text{ keine gemeinsamen Fehler haben}$$

Die so gegebene Definition bezieht sich zunächst nur auf den Fehlerfall. Da aber auch fehlerfreie Systeme mit betrachtet und nicht ausgeschlossen werden sollen, müssen wir die Definition erweitern auf folgende Betrachtung:

$$r_d \ (V_1, V_2) = 0 \quad \text{wenn die Wahrscheinlichkeit, daß, wenn ein Fehler in}$$
$$V_1 \text{ ist, derselbe Fehler auch in } V_2 \text{ ist, gleich 1 ist.}$$

Dies läßt sich verallgemeinern zu

$$r_d \ (V_1, V_2) = x \quad \text{wenn } P[(f_a \in V_1) \ \Leftrightarrow \ (f_a \in V_2)] = 1-x \, , \, x \in [0,1].$$

Damit haben wir die Relation einer Wahrscheinlichkeitsfunktion gleichgesetzt und können somit auf die dahinterstehende Regelwelt zurückgreifen:

$$r_d \ (V_1, V_2) = 1 - P[(f_a \in V_1) \Leftrightarrow (f_a \in V_2)] \, . \qquad (6.15)$$

Für die Relation gelten die folgenden Gesetze:

$$r_d \ (V_1, V_2) = r_d \ (V_2, V_1)$$

$$V_1 \in V_2: \ r_d(V_1,V_3) \geq r_d(V_2,V_3)$$

$$V_1 \cup V_2 = V_3 : \ r_d(V_1,V_4) + r_d(V_2,V_4) \geq r_d(V_3,V_4)$$

Wenn aus einer Menge von Varianten die günstigste Teilmenge herausgesucht werden soll, so ist nach folgendem Algorithmus zu verfahren:

1. Wähle eine fehlerarme - möglichst die fehlerärmste - Variante aus, genannt V_1. Diese Variante bildet zunächst das Teilsystem:

$$S = V_1.$$

2. Wähle als nächste Variante diejenige Variante V_i mit der größten Diversität zu dem bestehenden Teilsystem S, d. h. für die gilt:

$$r_d\ (S,\ V_j) \leq r_d\ (S,\ V_i)\ \text{ für alle } j.$$

3. $S = S \cup V_i$. Wiederhole Schritt 2.

Die Relation r_d entspricht somit den in (6.14) eingeführten Faktoren d(i). Es gilt

$$d(i) = r_d\ (V_i\ ,\ V_1 \cup V_2 \cup ... \cup V_{i-1})$$

6.2 Vergleichspunkte

Um eine Überprüfung der Varianten zu ermöglichen und Fehler maskieren zu können, müssen Kontrollpunkte oder Vergleichspunkte eingeführt werden. Sie werden auch cross-check-points (cc-points) genannt /Avizienis85/. Hier werden die Ausgaben (Ergebnisse) der einzelnen Varianten miteinander verglichen und Abstimmungen durchgeführt.

Die Abstimmung kann als Voter z. B. mit

(V.1)   Mittelwertbestimmung

(V.2)   Medianermittlung

(V.3)   Identitätsprüfung

(V.4)   Toleranzband

(V.5)   Bereichskontrolle

erfolgen.

Die Art des Voters ist u. a. abhängig von den zu vergleichenden Daten (z. B. binäre Größen, natürliche Zahlen, reelle Zahlen, Texte) und von der zugelassenen Unterschiedlichkeit der Ergebnisse (vgl. auch /Anderson86/). Soll der Voter nicht nur eine Ergebniskontrolle durchführen, sondern auch die Zahl der Ergebnisse von N auf 1 reduzieren, so kann nur (V.1), (V.2) oder (V.3) realisiert werden.

Soll hingegen nur eine Zwischenprüfung der Teilergebnisse erfolgen und können die einzelnen Varianten mit unterschiedlichen, aber überprüften Zwischenergebnissen weiterarbeiten, so kann auch eine Realisierung nach (V.4) oder (V.5) genommen werden.

Die Rückmeldung des Ergebnisses an die Varianten kann wiederum verschiedene Formen annehmen:

    (R.1) keine Meldung

    (R.2) Meldung "in Ordnung" oder "nicht in Ordnung"

    (R.3) Meldung "in Ordnung" oder "korrekter Wert ist ..."

    (R.4) Meldung "in Ordnung" oder Abschalten der fehlerhaften Variante.

Je nach Art der Rückmeldung muß bei den einzelnen Varianten zusätzlicher Aufwand geleistet werden.

Im Fall (R.1) haben wir es nur mit einer Ausgabe an den Voter ohne Rückkopplung zu tun. Festgestellte Fehler werden ggf. nur an eine übergeordnete Stelle weitergemeldet, aber nicht an die betroffene Variante.

Bei (R.2) kann die Variante entweder - wie im Fall (R.1) - unbeeinflußt weitermachen und die Negativmeldung nur zur Kenntnis nehmen bzw. protokollieren, oder sie kann sich bei Rückmeldung von "nicht in Ordnung" selbst abschalten.

Werden korrigierte Daten, z. B. ein Mehrheitsergebnis, zurückgegeben (R.3), so muß ggf. der interne Zustand der Variante angepaßt werden, also insbesondere solche internen Daten, die nicht überprüft wurden, die aber in einem logischen Zusammenhang mit den geprüften Daten stehen, und die im weiteren Ablauf des Programms noch benutzt werden.

Im letzten Fall (R.4) kann die fehlerhafte Variante nichts tun, sondern sie wird von extern abgeschaltet bzw. im weiteren Verlauf werden ihre Ergebnisse und Ausgaben ignoriert.

In jedem Fehlerfall sollte aber eine Protokollierung erfolgen, um eine Fehlerakkumulation zu verhindern. Es besteht sonst die Gefahr, daß eine Variante nach der anderen unbemerkt ausfällt bzw. fehlerhaft wird.

Weitere Überlegungen und Ansätze für die Implementierung von Rücksetzpunkten und Vergleichen sind in /Tso86/ enthalten.

Die Vergleichspunkte haben in mehrfacher Weise Einfluß auf die Diversität.

a) Je mehr Vergleichspunkte existieren, desto weniger Diversität ist möglich. Je enger die Vergleichspunkte beieinander liegen, desto weniger kann sich dazwischen an Diversität entwickeln, da wenig Code dazwischenliegt. Für die Diversität besteht kein Spielraum, der Freiheitsgrad dafür ist gering.

b) Je mehr Vergleichspunkte existieren, desto bessere Überwachung ist möglich. Je enger die Vergleichspunkte liegen, desto eher kann eine Diskrepanz - also ein möglicher Fehler - entdeckt werden, und desto geringer ist auch die Gefahr eines Doppelfehlers, entweder im selben Programm, der den Fehler kaschiert, oder in einer anderen Variante, der denselben Effekt hat und damit zu einer gefährlichen Mehrheitsbildung führen kann.

c) Je weniger Vergleichspunkte existieren, desto schlechter ist die Überwachung. Wenn wir im Extremfall nur einen Vergleichspunkt am Ende der Varianten haben und die Ausgabe der Varianten nur ein einfaches 0/1-Ergebnis ist, verschwimmen damit Unterschiede, die vorher vorhanden gewesen sein können, da sie bei der Abbildung auf 0/1 gleichbehandelt werden, d. h. in die gleiche Klasse fallen. Damit können Fehler nicht gleich erkannt werden, und eine Fehleransammlung ist leichter möglich.

Bei der Festlegung der Art und der Anzahl von Vergleichspunkten muß auf diese Abhängigkeit Rücksicht genommen werden und eine entsprechende Spezifikation erfolgen. Die Granularität der Vergleichspunkte, d. h. wie eng sie gesetzt werden, wie groß die jeweils betrachteten Einheiten sind und die Abhängigkeit zwischen der Größe und den Freiheitsgraden der Diversität sind von großer Bedeutung und muß beachtet werden.

Allgemeingültige Regeln für die Optimierung der Vergleichspunkte lassen sich nicht angeben. Sie hängen wesentlich von der jeweiligen Anwendung ab. Besteht die Anwendung aus einzelnen modularen Funktionen, deren Schnittstellen klar spezifizierte Daten sind, so liegt es nahe, diese Schnittstellen auch als Vergleichspunkte zu benutzen. Besteht die Aufgabenstellung hingegen nur aus einer globalen Eingabe-/Ausgabe-Spezifikation, ohne auf die interne Struktur und Zwischenergebnisse einzugehen, so würde die Einfügung von Vergleichspunkten einen stärkeren Eingriff in die Diversitätsmöglichkeiten bedeuten und man wird eher nur die Endergebnisse als Vergleichspunkte nehmen.

6.3 Berücksichtigung der Fehlerbeseitigung

Zusätzlich zur Fehlerentstehung muß auch die Fehlerentdeckung und die Fehlerbeseitigung im Laufe der Systementwicklung betrachtet werden, da sie Auswirkungen auf die Art der Restfehler hat. Jede Art der Fehlerentdeckung (Review, Testen nach unterschiedlichen Kriterien, etc.) hat einen Schwerpunkt von Fehlerarten, die in erster Linie entdeckt werden, während andere Fehler oft unerkannt bleiben. Für jede Fehlerentdeckungsart kann ein Faktor angegeben werden, um den sie die Gesamtfehlerzahl reduziert. Bei genauer Kenntnis der Fehlerarten und Fehlerentdeckungsarten können in einem sehr feinen Modell auch die entsprechenden Effekte mit berücksichtigt werden.

Für die Fehlerentdeckung bzw. -beseitigung können wir somit angeben

$$FB = \cup_i \; TV_i \, (F_{Strang}) \tag{6.16}$$

Die Menge der beseitigten Fehler FB erhalten wir, wenn wir jedes Testverfahren TV_i auf das Programm mit den Fehlern F_{Strang} anwenden, aber jeden entdeckten Fehler nur einmal zählen. Wir gehen dabei davon aus, daß jeder entdeckte Fehler auch beseitigt wird.

Da nach jedem entdeckten Fehler in der Regel eine Fehlerkorrektur stattfindet, wird der folgende Test jeweils auf ein abgewandeltes Programm angewendet. Wir erhalten also strenggenommen eine Sequenz von Programmversionen, die auseinander durch Fehlerkorrektur hervorgehen, auf die der Reihe nach verschiedene Testverfahren angewendet werden. Diesen Aspekt vernachlässigen wir bei dieser Betrachtung und in diesem Modell. Es wird aber in der Formel (6.16) davon ausgegangen, daß jeder Fehler nur einmal gezählt wird. Wir kommen daher zu einer verbleibenden Restfehlermenge nach Anwendung der Testverfahren von

$$F'_{Strang} = F_{Strang} \setminus FB = F_{Strang} \setminus \cup_i TV_i (F_{Strang}). \tag{6.17}$$

Man kann die Fehlersuche auch mit Filtern vergleichen: unterschiedliche Filter selektieren unterschiedliche Fehler. Das wiederholte Anwenden von Filtern mit ähnlicher Wirkung wird geringen Erfolg zeigen, während die Anwendung von Filtern mit unterschiedlicher Wirkung eine größere Fehlerzahl offenbaren kann. Einige Filter werden bestimmte Fehler überhaupt nicht entdecken können. So kann z. B. eine symbolische Ausführung keine Compilerfehler entdecken /Voges85a/.

Die Auflistung einiger Testverfahren in Abb. 6-16 zeigt einige typische Fehlerarten, die von dem jeweiligen Testverfahren meist entdeckt werden, und andere Fehler, die in der Regel nicht entdeckt werden.

Testverfahren	Entdeckte Fehler	Nicht entdeckte Fehler
Mutations-Testen	Fehler gemäß den eingefügten Fehlerklassen	andere Fehler
Pfad-Prädikat	fehlender Pfad	Ausführungsfehler
Pfad-Testen	Rechenfehler auf Pfad	fehlender Pfad
symbolische Ausführung	logische Fehler	Ausführungsfehler Compilerfehler
Vergleichstest	unterschiedliche Fehler	identische Fehler

Abb. 6-16:   Testverfahren und ihre Wirksamkeit

Im Zusammenhang mit diversitären Programmen interessiert insbesondere, inwieweit durch die unterschiedlichen Tests (Filterungen) identische und nicht-identische Fehler gleichermaßen gefunden werden oder eine dieser Fehlerklassen vorwiegend erkannt wird. Ein wichtiges Beispiel ist hier die Benutzung des sogenannten Vergleichstests (auch back-to-back-Test genannt): alle N Varianten werden mit den gleichen Daten versorgt und die Ergebnisse werden miteinander verglichen. Treten Unterschiede in den Ergebnissen auf, so muß analysiert werden, welches die fehlerhaften Varianten sind; sind die Ergebnisse aller Varianten gleich (ähnlich), so wird beim Vergleichstest angenommen, daß sie korrekt sind.

Mit dieser Methode lassen sich zwar Einzel- und selbst Mehrfachfehler (sofern sie nicht in allen Varianten gleichzeitig auftreten) detektieren, aber die - gefährlichen, da auch im Betrieb nicht erkennbaren - Fehler, die in allen Varianten identisch sind, nicht. Wenn z. B. als Fehlerentdeckungsmaßnahme nach der Programmerstellung nur der Vergleichstest benutzt wird, so wird sich nur die Zahl der Fehler reduzieren, die nicht in allen Varianten identisch sind. Zur Entdeckung der identischen Fehler muß noch zusätzlicher Aufwand getrieben werden durch Anwendung mindestens einer anderen Methode. Dies muß bei der Auswahl der Testverfahren beachtet werden.

Bei der Auswahl von Tests sollte außerdem berücksichtigt werden, welche Fehler in erster Linie beseitigt werden sollen, und welche Fehler ggf. im Betrieb toleriert werden können, welches die gefährlichen und welches die ungefährlichen Fehler sind.

In Abb. 6-17 ist ein Beispiel für die Wirkung verschiedener Testverfahren angegeben. Gehen wir von der Annahme aus, in einem Programm S seien 100 Fehler. Wenn wir drei gleichwertige diversitäre Programme betrachten, so sind in jedem der drei Programme A, B und C 100 Fehler, wobei 10 der Fehler identisch in allen drei Varianten sein sollen, je 10 Fehler identisch in jeweils zwei Varianten (also je 20 identische Doppelfehler in einer Variante) und 70 Fehler jeweils nur in einem Programm enthalten. Die Fehler seien gleichverteilt. Durch das erste Testverfahren T1 (z. B. Modultest) werden gleichverteilt 40% der Fehler entdeckt, d. h. in jedem Programm bleiben 42 unterschiedliche, 12 zweifach identische und 6 dreifach identische Fehler übrig. Durch das anschließende Testverfahren T2a werden 50% der Fehler entdeckt. Ist dieses Testverfahren der Vergleichstest (Fall 2), so werden hier nur die zumindest teilweise unterschiedlichen Fehler entdeckt, also verbleiben 21 unterschiedliche, 6 zweifach identische und die 6 dreifach identischen Fehler.

Haben wir es mit einer nicht-diversitären Realisierung zu tun, so muß statt des Vergleichstests ein anderer Test gemacht werden bzw. ein Vergleichstest mit einem speziell zum Testen entwickelten Modell. Bei gleicher Effektivität verbleiben dann nur insgesamt 30 Fehler. Entscheidend ist aber, daß diese 30 Fehler auch während des Betriebs nicht erkannt werden.

	Progr. A	Progr. B	Progr. C	A+B+C	Progr. S
a) in drei Progr. ident. Fehler	10	10	10	10	
b) in zwei Progr. ident. Fehler	20	20	20	30	
c) nur in einem Progr. vorh. Fehler	70	70	70	210	100
d) Gesamtzahl der untersch. Fehler	100	100	100	250	100

1) nach Test T1 (40% Fehlererkennung gleichverteilt) verbleibende Fehler:

	Progr. A	Progr. B	Progr. C	A+B+C	Progr. S
a) 3x id.	6	6	6	6	
b) 2x id.	12	12	12	18	
c) einfach	42	42	42	126	60
d) Ges.-Fehler	60	60	60	150	60

2) nach Test T2a (Vergleichstest mit 50% Fehlererkennung bzw. vergleichbarer Test für singuläres Programm) verbleibende Fehler:

	Progr. A	Progr. B	Progr. C	A+B+C	Progr. S
a) 3xid.	6	6	6	6	
b) 2x id.	6	6	6	9	
c) einfach	21	21	21	63	30
d) Ges.-Fehler	33	33	33	78	30

davon wirken sich im Betrieb aus:

	Progr. A	Progr. B	Progr. C	A+B+C	Progr. S
3-v-3	6	6	6	6	30
2-v-3	12	12	12	15	30

3) nach Test T2b (Absoluttest mit 50% Fehlererkennung) verbleibende Fehler:

	Progr. A	Progr. B	Progr. C	A+B+C	Progr. S
a) 3xid.	3	3	3	3	
b) 2x id.	6	6	6	9	
c) einfach	21	21	21	63	30
d) Ges.-Fehler	30	30	30	75	30

davon wirken sich im Betrieb aus:

	Progr. A	Progr. B	Progr. C	A+B+C	Progr. S
3-v-3	3	3	3	3	30
2-v-3	9	9	9	12	30

Abb. 6-17: Beispielrechnung für die Wirkung von Testverfahren

Dagegen wirken sich bei der diversitären Lösung mit einem 3-von-3-Voter nur die verbliebenen 6 dreifach identischen Fehler negativ aus, bzw. mit einem 2-von-3-Voter 15 Fehler, die übrigen 72 bzw. 63 (unterschiedlichen) Fehler werden im Betrieb maskiert und führen nicht zu einer Fehlreaktion des Systems. Damit ist die Mehrheit der Fehler maskiert und auf jeden Fall eine Verbesserung gegenüber dem System mit der identischen Software, auch wenn die Gesamtfehlerzahl in dem diversitären System höher liegt.

Wird statt des Vergleichstests als zweitem Test ein weiterer allgemein wirkender Test T2b benutzt (Fall 3), so verbessert sich der Vergleich zwischen diversitärer Realisierung und nicht-diversitärer Realisierung eines TMR-Systems noch mehr zugunsten der diversitären Lösung. Nicht nur die Zahl der Fehler insgesamt, sondern auch die Zahl der identischen Fehler verringert sich und nur zwölf statt vorher 15 Fehler können sich auswirken.

Dieses Beispiel hat gezeigt, daß der Anteil an identischen Fehlern in den Varianten nicht nur von der Erstellung der Varianten, sondern auch von der Prüfung der Varianten abhängig ist. Testverfahren, die zwar Fehler im allgemeinen gut aufdecken, identische Fehler aber gar nicht entdecken, können im Fall der Software-Diversität ungünstig sein. So darf man z. B. den back-to-back-Test nicht als einzigen Test einsetzen, da er gegen identische Fehler unwirksam ist.

Ähnlich wie die Anwendung von einigen Testverfahren Auswirkung auf die Art der Restfehler im System hat, so hat auch die Art der Testdatenauswahl einen Einfluß. Entspricht die Verteilung der Testdaten der Verteilung der Eingabedaten im Betrieb, so werden weniger Fehler im Betrieb auftreten. Entsprechen sich hingegen die beiden Verteilungen nicht, so ist unter der Voraussetzung der gleichen Fehlerverteilung von einer ungünstigeren Fehlerbeseitigung auszugehen. Die Wahrscheinlichkeit für das Auftreten von Fehlern im Betrieb ist höher als im vorhergehenden Fall.

6.4 Berücksichtigung der Phasen

Nicht nur die Testphase und die dabei benutzten Testverfahren haben Auswirkungen auf die Effektivität der Diversität. Die Wahl von diversitätsfördernden Maßnahmen in allen Phasen der Software-Entwicklung hat Auswirkungen auf die Fehlerzahl bzw. die Zahl der sich negativ auswirkenden identischen Fehler. Daher soll im folgenden auf die einzelnen Entwicklungsphasen eingegangen werden.

Gehen wir in einem weiteren Beispiel zunächst von vereinfachten Annahmen aus. Wir betrachten nur die Software sowie ihre Entwicklungsphasen Spezifikation, Entwurf, Codierung, Test und Betrieb. Zunächst sei die Fehlerwahrscheinlichkeit für jede dieser Phasen identisch, d. h. in jeder der Phasen werden 20% der Fehler gemacht.

Bei Einsatz der Diversität in der Phase Codierung durch den Einsatz von unterschiedlichen Teams, aber der gleichen Sprache, mit einem Anteil von 10% an identischen Fehlern ergibt sich, daß 20% der Fehler in der Codierphase entstehen:

$$|F_{C,1}| = |F_{C,2}| = 0{,}2 * |F_{SW}|$$

10% davon identisch sind:

$$|F_{C,1} \cap F_{C,2}| = 0{,}02 * |F_{SW}|$$

die Fehler der anderen Phasen auch identisch sind, da dort keine Diversität eingesetzt wird:

$$|F_{SW,1} \cap F_{SW,2}| = 0{,}82 * |F_{SW}|$$

die Gesamtzahl an unterschiedlichen Fehlern aber entsprechend erhöht ist:

$$|F_{SW,1} \cup F_{SW,2}| = 1{,}18 * |F_{SW}|$$

Statt 20% wirken sich nur noch 2% der Codierfehler aus, auf die Gesamtfehler gesehen nur noch 82% statt 100%. Dafür sind aber insgesamt gesehen 118% Fehler im Programmsystem enthalten (100% = Fehler in einer Variante).

Betrachten wir jetzt nicht nur die Software-Erstellung, sondern auch den Betrieb, so ergibt sich die Gesamtfehlermenge in einem Strang gemäß (5.8) zu

$$F_{Strang} = F_{SW} \cup F_{WZ} \cup F_{BS} \cup F_{HW}.$$

Als Fehlerverteilung über die einzelnen Phasen nehmen wir an, daß 30% in der Spezifikation, je 20% im Entwurf und in der Codierung, 10% im Test, 5% im Betrieb, je 3% durch das Werkzeug und das Betriebssystem und 9% durch die Hardware entstehen (vgl. Abb. 6-18).

Wenn Diversität in der Phase Codierung durch unterschiedliche Teams realisiert wird und wieder von einem Prozentsatz von 10% an identischen Fehlern ausgegangen wird sowie von einer Wahrscheinlichkeit für eine identische Fehleraktivierung von 100% bei den Werkzeugen (F_{WZ}) - da identische Sprachen und damit auch derselbe Compiler benutzt wird -, von 80% beim Betriebssystem (F_{BS}) und von 60% bei der Hardware (F_{HW}), so ergibt sich für die identischen Fehler eine Auftrittswahrscheinlichkeit von 77,8% (vgl. Abb. 6-18).

	F_S	F_E	F_C	F_T	F_B	F_{WZ}	F_{BS}	F_{HW}	F_{Strang}
A	30	20	20	10	5	3	3	9	100
B	30	20	2	10	5	3	2,4	5,4	77,8

**Abb. 6-18:   Fehlerverteilung bei diversitärer Codierung
A: ohne Diversität;   B: mit Diversität**

Dabei wird davon ausgegangen, daß sowohl Betriebssystemfehler als auch Hardwarefehler zu einem geringeren Prozentsatz durch diversitäre Programme gleichzeitig aktiviert werden. Da eine gewisse Diversität der Varianten vorausgesetzt wird, die durch den identischen Compiler nicht nivelliert wird, sondern mindestens erhalten bleibt, werden sich Unterschiede in der Benutzung von Betriebssystem und Hardware ergeben. Daraus folgt die Annahme, daß auch die Fehleraktivierungen in diesen Bereichen zumindest z. T. unterschiedlich sein werden.

In einem weiteren Beispiel gehen wir von den gleichen Fehlerverteilungen wie im vorhergehenden Beispiel aus, verwenden aber diesmal zusätzlich zu den unterschiedlichen Teams unterschiedliche Sprachen bei der Codierung. Daraus kann sich für die Fehlerauswirkung durch identische Fehleraktivierung z. B. eine Verteilung von 10% bei den Werkzeugen, 20% beim Betriebssystem und 10% bei der Hardware ergeben. Daraus folgt wiederum für die identischen Gesamtfehler eine Zahl von 68,8% mit der in der Abb. 6-19 angegebenen Verteilung.

Einige weitere Beispiele sind in Abb. 6-20 zusammengestellt.

Diese Beispiele sollen anhand von angenommenen Werten die mögliche Wirkung von unterschiedlichen Formen der Diversität aufzeigen. Die dabei gewählten hypothetischen Zahlen sollen nur die Relation zwischen verschiedenen Lösungen verdeutlichen, ohne notwendigerweise allgemeingültig zu sein. Die Grundaussage dieser Beispiele gilt aber auch bei anderen Verteilungen.

	F_S	F_E	F_C	F_T	F_B	F_{WZ}	F_{BS}	F_{HW}	F_{Strang}
A	30	20	20	10	5	3	3	9	100
B	30	20	2	10	5	0,3	0,6	0,9	68,8

Abb. 6-19: Fehlerverteilung bei diversitären Codierungen mit unterschiedlichen Sprachen
A: ohne Diversität;   B: mit Diversität

Auch wenn die Fehlerverteilung auf die einzelnen Entwicklungsphasen in der Realität teilweise anders ist, so zeigen die Beispielrechnungen dennoch auf, welchen Effekt die Wahl der unterschiedlichen Diversitätsformen auf die Gesamtzahl der Fehler (F_{2MR}) einerseits und auf die sich auswirkenden Fehler (FA_{SW}) andererseits hat.

Die gewählte Zahl von 10% an identischen Fehlern entspricht dabei in der Größenordnung den Werten, die in verschiedenen Experimenten gefunden wurden (vgl. Kap. 4).

Die Beispiele zeigen das erwartete Ergebnis, das ein Einsatz von Diversität in mehreren Phasen eine stärkere Wirkung hat als der Einsatz von Diversität in nur einer Phase.

Die Fehler, die sich in einem zweifach redundanten System bei Verwendung eines Vergleichers auswirken können, sind die identischen Fehler; alle nur in einer Variante existierenden Fehler werden vom Vergleicher erkannt. Die Zahl der identischen Fehler, die sich auswirken, nimmt bei stärkerer Diversität ab (FA_{SW}), die Zahl der unterschiedlichen Fehler hingegen nimmt zu (F_{2MR}). Daraus ergibt sich, daß die Zahl der Fehlentscheidungen bei Diversität zwar abnimmt (FA_{SW}), aber die Zahl der in einem Doppelsystem unentscheidbaren Fälle zunimmt ($F_{2MR,U}$). Alle Fehler, die in nur einer Variante existieren, führen beim Voter, der nur auf Übereinstimmung der Ergebnisse der beiden Varianten ausgelegt ist, zu einer nicht entscheidbaren Situation: der Voter weiß nicht, welche Variante korrekt ist und welche fehlerhaft.

Aber das Vorliegen eines Fehlers ist erkannt worden und kann protokolliert werden bzw. zur Abschaltung des Systems führen. Die Zahl derartiger Abschaltungen wird also bei einem stark diversitären System höher sein als bei einem weniger diversitären System.

FA_{SW}	F_S	F_E	F_C	F_T	F_B	F_{2MR}	$F_{2MR,U}$

Beispiel a) Gleichförmige Fehlerverteilung über die Phasen

	FA_{SW}	F_S	F_E	F_C	F_T	F_B	F_{2MR}	$F_{2MR,U}$
ohne Diversität	100	20	20	20	20	20	100	0
C Div.	82	20	20	2	20	20	118	36
C+T Div.	64	20	20	2	2	20	136	72
C+T+B Div.	46	20	20	2	2	2	154	108
E+C+T+B Div.	28	20	2	2	2	2	172	144
S+E+C+T+B Div.	10	2	2	2	2	2	190	180

Beispiel b) Ungleichmäßige Fehlerverteilung über die Phasen

	FA_{SW}	F_S	F_E	F_C	F_T	F_B	F_{2MR}	$F_{2MR,U}$
ohne Diversität	100	30	20	30	15	5	100	0
C Div	73	30	20	3	15	5	127	54
C+T Div.	59,5	30	20	3	1,5	5	140,5	81
C+T+B Div.	55	30	20	3	1,5	0,5	145	90
E+C+T+B Div.	37	30	2	3	1,5	0,5	163	126
S+E+C+T+B Div.	10	3	2	3	1,5	0,5	190	180

Abb. 6-20:   Fehlerverteilung bei verschiedenen Formen der Diversität

Werden diese protokollierten Fehler allerdings innerhalb der Wartung ausgewertet und entsprechende Fehlerkorrekturen durchgeführt, so führt dies im Laufe der Zeit zu einer Reduzierung dieser Fehlerklasse, bei idealer Wartung ohne neue Fehlereinpflanzung zu einer Steigerung der Qualität des Gesamtsystems und weniger Ausfällen.

Derartige Verbesserungen sind bei einem homogen redundanten 2MR-System nicht möglich, da keine Fehlerprotokollierung erfolgen kann; die Menge $F_{2MR,U}$ ist leer.

Die beiden Beispiele in Abb. 6-20 unterscheiden sich zunächst in der Annahme über die Art der Fehlerverteilung über die einzelnen Phasen. Die Spalten FA_{SW}, F_{2MR} und $F_{2MR,U}$ zeigen, daß die Zahlenwerte zwar schwanken, die Tendenz aber einheitlich ist. Eine wesentliche Aussage ist, daß sich erwartungsgemäß die Diversität vornehmlich bei den fehlerintensiven Teilen lohnt, da dort der Effekt am größten ist. Liegen keine Fehler vor, so zeigt die Diversität auch keine Wirkung.

Denn der Sinn der Diversität ist die Reduzierung des Anteils an identischen Fehlern in redundanten Varianten. Je weniger Fehler vorliegen, desto weniger Fehler können unterschiedlich werden. Somit reduziert sich die Wirksamkeit der Diversität bei fehlerärmeren Varianten.

Diese Beispielrechnungen sind für jeden Fall übertragbar. Wenn z. B. eine firmenspezifische Fehlerverteilung bekannt ist, kann dafür die entsprechende Tabelle berechnet werden, und es kann abgeschätzt werde, welche Wirkung die unterschiedlichen Diversitätsformen auf die Fehlerverteilung haben.

Eine Erweiterung von einem 2MR-System auf ein NMR-System ist mit entsprechenden Annahmen über die Fehlerverteilung und die Votererkennung möglich.

Im folgenden Kapitel werden wir auf die zugeordneten Kosten für die verschiedenen Diversitätsformen eingehen und ein entsprechendes Kostenmodell vorschlagen. Durch gemeinsame Verwendung von Kostenmodell und Fehlermodell kann dann eine Entscheidung über die günstigste Form der Diversität für das jeweilige Projekt getroffen werden.

7. Kostenmodell

Bei der Verwendung von Methoden und Techniken zur Erzielung einer höheren
Zuverlässigkeit der Software ist in der Regel nicht nur die zu erwartende
Zuverlässigkeitssteigerung von Bedeutung, sondern auch der dafür zu leistende Aufwand:
wieviel (mehr) kostet der Einsatz einer Methode im Vergleich zu einer anderen und steht der
erforderliche Mehraufwand in vertretbarer Relation zum erhofften Nutzen.

Um bei der Frage nach dem Einsatz von Software-Diversität eine Entscheidungshilfe zu
geben, soll im folgenden die Frage des Aufwandes für diese Methode näher untersucht werden
und ein Modell angegeben werden, das die Abschätzung der Kosten erleichtern soll.

Wir gehen zunächst wieder von dem Phasenmodell aus, wobei der Erstellungszyklus der
Software eingeteilt wird in

    (S)   Spezifikation

    (E)   Entwurf

    (C)   Codierung

    (T)   Test

    (B)   Betrieb.

Die jeder Phase zugeordneten Kosten werden mit

$$K_i, \; i \in \{ S, E, C, T, B \} = P$$

bezeichnet. Als Referenzmodell gilt die einfache Erstellung in jeder Phase mit einem
normalen Aufwand, wie er in der jeweiligen Applikation erforderlich ist. Die Gesamtkosten
K_{SW} der Software eines singulären Systems ergeben sich damit zu:

$$K_{SW} = \sum_{i \in P} K_i. \tag{7.1}$$

Die im Rahmen eines Projektes mit Software-Diversität entstehenden Kosten werden mit KD
bezeichnet, die Gesamtkosten der Software KD_{SW} ergeben sich analog zu:

$$KD_{SW} = \sum_{i \in P} KD_i \ . \tag{7.2}$$

Dabei gilt

$$KD_i \ = K_i, \tag{7.3}$$

wenn die Anwendung von Diversität innerhalb des Projektes keinerlei Einfluß auf die in der Phase i entstehenden Kosten hat. Dies ist z. B. der Fall, wenn die Diversität erst in einer späteren Phase einsetzt und die frühere Phase noch genauso durchgeführt wird wie bei einem singulären Projekt, d. h. einem Projekt ohne Diversität.

Besteht ein linearer Zusammenhang zwischen den in der Phase i entstehenden Kosten einer singulären Realisierung und der Anzahl der diversitären Realisierungen, so gilt:

$$KD_i \ = n * K_i. \tag{7.4}$$

Wenn durch die Diversität die Aufwendungen genau n-fach gemacht werden, gilt dieser Fall. Bei einer n-fachen parallelen Implementierung durch n Teams können z. B. die Kosten der Implementierungsphase nach diesem Schema in erster Näherung bestimmt werden.

In vielen Fällen wird aber die Relation nicht so einfach und eindeutig sein, und die Kosten werden zwischen den beiden in Gleichung (7.3) und (7.4) angegebenen Werten liegen:

$$K_i < KD_i \ < n * K_i \tag{7.5}$$

Denn nicht alle in einer Phase entstehenden Kosten vervielfachen sich linear, wenn Diversität eingesetzt wird.

In Sonderfällen kann sich auch eine Reduzierung der Kosten in einzelnen Phasen ergeben. Dies kann z. B. der Fall sein, wenn mehrere diversitäre Programme erstellt worden sind, die in der Testphase nur durch einen Vergleichstest getestet werden. Im singulären Fall würden für den Vergleichstest die Zusatzkosten der Erstellung eines Vergleichsmodells als Testkosten auftreten. Diese Kosten aber entfallen hier, da die diversitären Programme gegenseitig die Funktion eines Modells erfüllen. Folglich ergibt sich eine Kostenreduzierung:

$$KD_i \ < K_i. \tag{7.6}$$

Andererseits ist es auch möglich, daß die Kosten einer n-fachen Entwicklung höher liegen als in (7.4) angegeben. Als Zusatzkosten können die Aufwendungen für die Koordinierung der n

Teams und die Überwachung der ggf. spezifizierten Diversität auftreten. Wir erhalten somit auch den Fall

$$KD_i \; > \; n * K_i. \hspace{4cm} (7.7)$$

Dies zeigt, daß unterschiedliche Arten der Realisierung der Diversität unterschiedlichen Einfluß auf die Kosten in den einzelnen Phasen haben. Nicht nur eine Erhöhung der Kosten, sondern auch eine Einsparung ist möglich. Zur Verdeutlichung sollen im folgenden zunächst in einigen Beispielen die Gesamtkosten angegeben werden. Anschließend wird darauf aufbauend ein allgemeines Kostenmodell aufgestellt.

Beispiel a) Diversitäre Teams und diversitäre Implementierungen

Im ersten Beispiel betrachten wir ein Projekt, in dem n Teams in der Codierphase eingesetzt werden, um n diversitäre Varianten zu programmieren. Die Anfangsphasen des Projektes werden singulär durchgeführt. Es werden keine weiteren Besonderheiten vorgenommen.

Der Aufwand für die Spezifikation und den Entwurf wird von der Diversität nicht beeinflußt, also gilt gemäß (7.3)

$$KD_S \; = \; K_S, \text{ und}$$

$$KD_E \; = \; K_E.$$

Die Implementierungskosten sind für jede der diversitären Implementierungen so hoch wie für eine singuläre Implementierung, also nach (7.4):

$$KD_C \; = n * K_C.$$

Dabei bleibt zunächst unberücksichtigt, daß durch eine gemeinsame Projektleitung für die diversitären Implementierungen eine Kostenersparnis erzielt werden kann.

Die Testkosten teilen sich auf in einen Anteil K_{T1}, der für jede der diversitären Implementierung gleichermaßen aufzuwenden ist, und einen Anteil K_{T2}, der nur einmal für alle gemeinsam zu leisten ist. Dieser letztgenannte Anteil beinhaltet z. B. das Aufstellen des Testplans mit den zugehörigen Testdaten, der für alle diversitären Implementierungen identisch ist, sowie die Kosten für den Vergleichstest.

$$KD_T \; = n * K_{T1} + K_{T2}$$

Wenn wir davon ausgehen, daß

$$K_{T1} + K_{T2} = K_T$$

gilt, so können wir mit Hilfe von

$$K_{T1} = a_T * K_T \quad \text{und}$$

$$K_{T2} = (1-a_T) * K_T$$

auch schreiben

$$KD_T = n * a_T * K_T + (1-a_T) * K_T.$$

Der Faktor a_T gibt den relativen Anteil der diversitätsabhängigen Testkosten an.

Für die Betriebsphase ergibt sich ebenfalls eine Zweiteilung der Kosten in diversitätsunabhängige [$(1-a_B) * K_B$] und diversitätsabhängige Kosten [$a_B * K_B$]:

$$KD_B = (1-a_B) * K_B + n * a_B * K_B .$$

Die diversitätsabhängigen Kosten bestehen z. B. aus den Betriebskosten für jede Variante und den Wartungskosten: um die Diversität der Implementierungen auch nach Wartungsarbeiten aufrechtzuerhalten, müssen unterschiedliche Wartungsteams auftretende Fehlerkorrekturen bzw. Anpassungen vornehmen. Nur ein Teil der Kosten wird nur einmal aufzuwenden sein und ist daher diversitätsunabhängig.

Aber auch wenn auf mehrere unterschiedliche Wartungsteams verzichtet wird, ist für die Wartung diversitärer Implementierungen ein - im Vergleich zum vorher genannten zwar reduzierter, aber immer noch - höherer Betrag als bei einer singulären Programmvariante aufzuwenden, da z. B. das Wartungsteam alle diversitären Programme betreuen und damit ggf. erforderliche Anpassungen mehrfach unterschiedlich realisieren muß.

Die Gesamtkosten ergeben sich also in diesem Beispiel zu

$$KD_{SW} = KD_S + KD_E + KD_C + KD_T + KD_B$$

$$= K_S + K_E + n * K_C + n * a_T * K_T + (1-a_T) * K_T$$

$$+ (1-a_B) * K_B + n * a_B * K_B$$

$$= K_S + K_E + (1-a_T) * K_T + (1-a_B) * K_B$$

$$+ n * [K_C + a_T * K_T + a_B * K_B].$$

Die n-fache Codierung hat also nicht nur Einfluß auf die Kosten während der Codierphase, sondern wirkt sich auch auf die Kosten der Test- und Betriebsphase aus.

Beispiel b) Diversität bei Teams, Entwurf, Programmiersprachen und Implementierungen

Im zweiten Beispiel untersuchen wir ein Projekt, bei dem n Teams bereits in der Entwurfsphase diversitäre Lösungen erarbeiten und diese mit Hilfe von n verschiedenen Programmiersprachen realisieren.

Es wird von einer einheitlichen Anforderungsspezifikation ausgegangen. Der Aufwand für diese Phase ist daher unverändert:

$$KD_S = K_S.$$

Die Kosten für den Entwurf und die Implementierung ver-n-fachen sich:

$$KD_E = n * K_E.$$

$$KD_C = n * K_C.$$

Dabei können ggf. die Kosten für den Compiler und der Lernaufwand für die jeweilige Sprache mitgerechnet werden.

Für die Test- und Betriebsphasen gilt dasselbe wie im Beispiel a)

$$KD_T = (1-a_T) * K_T + n * a_T * K_T$$

$$KD_B = (1-a_B) * K_B + n * a_B * K_B$$

Die Gesamtkosten des Projektes ergeben sich somit in diesem Beispiel zu:

$$KD_{SW} = KD_S + KD_E + KD_C + KD_T + KD_B$$

$$= K_S + n * K_E + n * K_C + n * a_T * K_T + (1-a_T) * K_T$$

$$+ (1-a_B) * K_B + n * a_B * K_B$$

$$= K_S + (1-a_T) * K_T + (1-a_B) * K_B$$

$$+ n * [K_E + K_C + a_T * K_T + a_B * K_B].$$

Gegenüber dem ersten Beispiel hat sich die Diversität zusätzlich noch auf die Kosten der Entwurfsphase ausgewirkt. Die unterschiedlichen Programmiersprachen hingegen haben sich bei diesem Ansatz nicht bemerkbar gemacht, also keine zusätzlichen Kosten verursacht.

Allgemeines Modell

Dieser in den Beispielen gezeigte Ansatz läßt sich verallgemeinern für unterschiedliche Formen der Diversität in den verschiedenen Phasen. Als allgemeines Modell ergibt sich

$$KD_{SW} = KD_S + KD_E + KD_C + KD_T + KD_B \tag{7.8}$$

mit

$$KD_S = (1-a_S) * K_S + n_S * a_S * K_S \tag{7.9}$$

$$KD_E = (1-a_E) * K_E + n_E * a_E * K_E \tag{7.10}$$

$$KD_C = (1-a_C) * K_C + n_C * a_C * K_C \tag{7.11}$$

$$KD_T = (1-a_T) * K_T + n_C * a_T * K_T \tag{7.12}$$

$$KD_B = (1-a_B) * K_B + n_C * a_B * K_B \tag{7.13}$$

Dabei gibt n_i die Zahl der diversitären Realisierungen in der Phase i an. Die Faktoren a_i bestimmen den diversitätsabhängigen Anteil der Kosten K_i, die durch die Diversitätsmaßnahmen n_i-fach auftreten. $(1-a_i)$ ist der Anteil an Kosten, der in der jeweiligen Phase nur einmal auftritt, also diversitätsunabhängig ist.

In den Phasen T und B wird in der Regel keine zusätzliche eigenständige Diversität realisiert, sondern nur die Diversität der Codierungen weitergeführt. Auf die Phasen C, T und B hat daher nur die Zahl der Implementierungen n_C einen Einfluß, und es gilt

$$n_B = n_T = n_C .$$

Eine Ausnahme bildet nur der Spezialfall, daß von den n_C Implementierungen nur eine Auswahl im Betrieb eingesetzt wird, also

$$n_B \leq n_T \leq n_C .$$

In Fällen, wo eine feinere Unterscheidung möglich ist, also nicht nur reine diversitätsunabhängige und linear diversitätsabhängige Kosten entstehen, sondern weitere Kostenanteile auftreten, kann nach dem erweiterten Ansatz

$$KD_i = (1-a_i-d_i) * K_i + f_i(n_i) * d_i * K_i + n_i * a_i * K_i + g_i(n_i) * D_i \qquad (7.14)$$

der Aufwand berechnet werden.

In diesem Ansatz bedeutet

d_i Anteil der Kosten, die weder diversitätsunabhängig noch linear diversitätsabhängig sind, $0 \leq d_i \leq 1$.

$f_i(n_i)$ Faktor zwischen 1 und n_i, um den der Anteil d_i bei Anwendung der Diversität steigt. Dieser Faktor kann eine Funktion von n_i darstellen.

D_i Zusatzkosten, die bei singulärer Realisierung nicht auftreten.

$g_i(n_i)$ Faktor, der die Abhängigkeit der Zusatzkosten D_i von der Zahl der Varianten n_i beinhaltet.

Ferner gilt

$$0 \leq a_i , 0 \leq d_i , a_i + d_i \leq 1$$

Unter die Zusatzkosten D_i fallen z. B. folgende Aufwendungen, die diversitätsspezifisch sind:

- Voter

- Vergleichspunkte

- Analyse und Bestimmung der Diversität.

Bei diesen Kostenrechnungen ist noch nicht berücksichtigt, daß in gewissem Umfang durch die Diversität eine Kostenverlagerung auftreten kann. So werden durch die diversitären Implementierungen z. B. mehr Spezifikations- und Entwurfsfehler bereits während der Implementierung erkannt und nicht erst in der späteren Testphase bzw. im Betrieb. Die daraus resultierenden Einsparungen durch die frühere Fehlerkorrektur können beträchtlich sein. Zwar bedeutet das frühere Aufdecken von Fehlern zunächst eine vermeintliche Kostensteigerung in der betreffenden früheren Phase, aber die aufwendigere Fehlerkorrektur in einer späteren Phase entfällt dadurch.

Die Kostensteigerung in der früheren Phase ist bereits im Ansatz modelliert. So beinhaltet K_C bei singulärer Realisierung den Aufwand für die Fehlerentdeckung und -korrektur in der Codierphase. Bei diversitärer Realisierung steckt dieser Kostenanteil in $n_C * a_C * K_C$. Die erhöhte Fehleraufdeckung beruht darauf, daß von den unterschiedlichen Teams zwar jeweils der gleiche Aufwand getrieben wird, aber die entdeckten Fehler nicht alle identisch sind und somit insgesamt eine höhere Zahl von Fehlern entdeckt wird (vgl. PODS-Projekt, Kap. 4.7).

Diese Fehlerentdeckung kommt bei entsprechender Projektorganisation nicht nur dem jeweiligen entdeckenden Team, sondern allen Teams und damit allen Implementierungen zugute. Daher ist es berechtigt, für die späteren Test- und Betriebsphasen von einer Kostenreduzierung auszugehen.

Um die Kostenreduzierung explizit zu modellieren, können wir z. B. modifizierte Testkosten einführen:

$$K_T' = (1-r_T) * K_T \quad (0 < r_T < 1). \tag{7.15}$$

Der Faktor r_T berücksichtigt die Kosten, die durch die Korrektur von Fehlern in früheren Phasen durch die Diversität eingespart werden, mit dem Faktor $(1-r_T)$ erhalten wir also den Teil, der an Testkosten noch berücksichtigt werden muß.

Wenn wir K_T' für K_T in (7.12) substituieren, erhalten wir

$$KD_T = (1-a_T) * K_T' + n_C * a_T * K_T'$$

$$= (1-a_T) *(1-r_T) * K_T + n_C * a_T *(1-r_T) * K_T$$

$$= (1-a_T) * K_T + n_C * a_T * K_T - r_T * ((1-a_T) * K_T + n_C * a_T * K_T)$$

Statt der Modifikation von K_T zu K_T' und der Verwendung von K_T' statt K_T in der Gleichung (7.12) kann auch die Ersparnis durch entsprechende Subtraktion eines Elementes geschehen:

$$KD_T = (1-a_T) * K_T + n_C * a_T * K_T - K_{TK} \tag{7.12'}$$

$$\text{mit} \quad K_{TK} = r_T * (1-a_T+n_C*a_T) * K_T$$

Wenn wir in (7.14) den Wertebereich von $f_i(n_i)$ von $[1,n_i]$ erweitern auf $[0,n_i]$, so können wir damit auch den Kostenanteil berücksichtigen, der sich durch Anwendung von Diversität in der entsprechenden Phase i reduziert. Damit erhalten wir ausgehend von (7.14) statt (7.12') jetzt

$$KD_T = (1-a_T-d_T) * K_T + f_T(n_C) * d_T * K_T + n_C * a_T * K_T . \qquad (7.12'')$$

Fassen wir alle diese Erweiterungen zusammen, so erhalten wir insgesamt das erweiterte Kostenmodell:

$$KD_{SW} = KD_S + KD_E + KD_C + KD_T + KD_B \qquad (7.8)$$

mit

$$KD_S = (1-a_S-d_S) * K_S + f_S(n_S) * d_S * K_S + n_S * a_S * K_S$$
$$+ g_S(n_S) * D_S \qquad (7.16)$$

$$KD_E = (1-a_E-d_E) * K_E + f_E(n_E) * d_E * K_E + n_E * a_E * K_E$$
$$+ g_E(n_E) * D_E \qquad (7.17)$$

$$KD_C = (1-a_C-d_C) * K_C + f_C(n_C) * d_C * K_C + n_C * a_C * K_C + g_C(n_C) * D_C \qquad (7.18)$$

$$KD_T = (1-a_T-d_T) * K_T + f_T(n_C) * d_T * K_T + n_C * a_T * K_T$$
$$+ g_T(n_C) * D_T \qquad (7.19)$$

$$KD_B = (1-a_B-d_B) * K_B + f_B(n_C) * d_B * K_B + n_C * a_B * K_B$$
$$+ g_B(n_C) * D_B \qquad (7.20)$$

Die Anwendung dieser Kostenmodelle setzt zunächst voraus, daß die für eine singuläre Entwicklung anfallenden Kosten in den einzelnen Phasen bekannt sind bzw. abgeschätzt werden können. Dann muß der jeweilige Anteil an diversitätsunabhängigen, linear diversitätsabhängigen und nicht linear diversitätsabhängigen Kosten bestimmt werden. Als pessimistische Abschätzung kann dabei meist von einer linearen Diversitätsabhängigkeit aller diversitätsabhängigen Kosten der jeweiligen Phase ausgegangen werden.

Weiterhin sind sowohl mögliche Einsparungen durch die Diversität als auch extra Zusatzkosten mit einzukalkulieren.

Die so insgesamt ermittelten Kosten KD_{SW} müssen dann in Relation gesetzt werden zu den Entwicklungskosten eines nicht-diversitären Systems. Parallel dazu müssen die jeweiligen Zuverlässigkeitsgrößen betrachtet werden, um dann eine Kosten-Nutzen-Analyse machen zu können.

Das folgende Anwendungsbeispiel, in dem eine singuläre Realisierung und eine diversitäre Realisierung miteinander verglichen werden, soll dies verdeutlichen.

<u>Fall a)</u>: Ein System mit hohen Zuverlässigkeitsanforderungen soll ohne Diversität realisiert werden. Um die geforderte Zuverlässigkeit zu erreichen, müssen entsprechende Aufwendungen zur Fehlervermeidung und Fehleraufdeckung in Entwurf, Implementierung und Test gemacht werden. Gleichzeitig soll das System aus Hardware-Zuverlässigkeitsgründen als TMR-System realisiert werden. Ein Vergleicher ist also auch in diesem System zu realisieren. Die Gesamtkosten sind gemäß (7.1)

$$K_{SW} = K_S + K_E + K_C + K_T + K_B.$$

<u>Fall b)</u>: Ein System mit den gleichen Anforderungen wie im Fall a) soll mit dreifacher Diversität durch drei Implementierungen von drei Teams realisiert werden. Im einzelnen ergeben sich dadurch folgende Kosten:

Die Kosten für die Anforderungsspezifikation und den Entwurf sind im wesentlichen identisch, da sich die Diversität hierauf nicht auswirkt:

$$KD_S = K_S$$

$$KD_E = K_E .$$

Eine geringe Änderung kann allerdings für den Entwurf eintreten. Um den anschließenden diversitären Implementierungen noch genügend Freiraum für die Entfaltung von diversitären Lösungen zu geben, müssen ausreichend Freiheitsgrade bleiben. Dies kann einerseits einen Mehraufwand bedeuten, da man hierauf besondere Sorgfalt verwenden muß, andererseits aber auch eine Ersparnis, da einige Punkte nicht so stark detailliert werden. Außerdem sind, falls nicht nur das Endergebnis durch den Voter verglichen werden soll, sondern auch Zwischenergebnisse überprüft werden sollen, diese Prüfpunkte entsprechend gut zu spezifizieren. Wir gehen hier davon aus, daß sich diese Effekte in etwa ausgleichen und können daher diesen Aspekt im Modell unberücksichtigt lassen und von einer Diversitätsunabhängigkeit der Entwurfsphase sprechen.

In der Codierungsphase wirkt sich die Diversität dann ganz aus. Wir erhalten

$$KD_C = (1-a_C-d_C) * K_C + f_C(n_C) * d_C * K_C + n_C * a_C * K_C + g_C(n_C) * D_C$$

Hierbei beinhalten

$(1-a_C-d_C) * K_C$ die diversitätsunabhängigen Kosten der Implementierung. Bei identischen Sprachen sind dies z. B. die Compilerkosten und ein Anteil der

Projektleitungskosten. Ansonsten ist dieser Anteil fast zu vernachlässigen.

$f_C(n_C) * d_C * K_C$ die partiell diversitätsabhängigen Kosten der Implementierung. Hierunter fallen z. B. die Projektleitungskosten, die nicht linear mit der Anzahl der diversitären Teams steigen.

$n_C * a_C * K_C$ die linear diversitätsabhängigen Kosten der Implementierung. Da die Implementierung der Schwerpunkt der Diversität ist, ist dies der größte Kostenanteil.

$g_C(n_C) * D_C$ diversitätsbezogene Zusatzaufwendungen. Hierunter fallen z. B. Aufwendungen im Rahmen einer forcierten Diversität, wobei durch die Projektleitung sichergestellt werden muß, daß die geforderte Diversität erreicht wird.

Im vorliegenden Fall wird KD_C im wesentlichen von $n_C * a_C * K_C$ bestimmt, die weiteren Anteile sind vernachlässigbar. Wir können die Kosten damit aufgerundet abschätzen durch

$$KD_C = n_C * K_C = 3 * K_C .$$

Die Diversität in der Implementierung wirkt sich auch auf die Testphase aus. Hier erhalten wir zunächst gemäß (7.19) allgemein

$$KD_T = (1 - a_T - d_T) * K_T + f_T(n_C) * d_T * K_T + n_C * a_T * K_T + D_T$$

Dabei treten folgende Kosten auf:

$(1 - a_T - d_T) * K_T$ diversitätsunabhängige Kosten:
- Aufstellen des Testplans
- Grundkosten des Vergleichstests

$f_T(n_C) * d_T * K_T$ nicht linear diversitätsabhängige Kosten: Reduzierung der Testkosten durch
- Vermeiden eines speziellen Vergleichsmodells
- reduzierte Fehlerzahl in der Testphase
realisiert durch $f_T(n_C) < 1$

$n_C * a_T * K_T$ linear diversitätsabhängige Kosten:

Durchführung der individuellen Tests der einzelnen diversitären Programme

$g_T(n_C) * D_T$ diversitätsbezogene Zusatzaufwendungen: sind in diesem Fall nicht bekannt, folglich gilt $D_T = 0$.

Wenn wir von folgender Kostenverteilung der Testkosten K_T ausgehen:

10%   Testplan   \\ $(1 - a_T - d_T)$

10%   Grundkosten Vergleichstest   /

30%   Vergleichsmodell (d_T)

50%   allgemeine Tests (a_T)

so können wir $f_T(n_C) = 0$ setzen, da die Entwicklung eines Vergleichsmodells bei der diversitären Entwicklung entfällt. Wir haben somit $1 - a_T - d_T = 0{,}2$ und $a_T = 0{,}5$. Daraus ergibt sich für die Testkosten KD_T

$$KD_T = 0{,}2 * K_T + 3 * 0{,}5 * K_T = 1{,}7 * K_T$$

Für den Betrieb ergibt sich nach (7.20)

$$KD_B = (1-a_B-d_B) * K_B + f_B(n_C) * d_B * K_B + n_C * a_B * K_B + D_B$$

Dabei können wir folgende Kostenzuordnung machen:

$(1-a_B-d_B) * K_B$ - Betriebskosten durch parallelen Betrieb

(auch im Vergleichsfall a erforderlich)

$f_B(n_C) * d_B * K_B$ - entfällt

$n_C * a_B * K_B$ - Wartungskosten

D_B - entfällt

Bei einer Aufteilung zwischen Betriebskosten und Wartungskosten in 80% und 20% ergibt sich

$$KD_B = 0{,}8 * K_B + 0{,}2 * 3 * K_B = 1{,}4 * K_B$$

Im Fall a haben wir also

$$K_{SW} = K_S + K_E + K_C + K_T + K_B$$

und im Fall b

$$KD_{SW} = K_S + K_E + 3 * K_C + 1,7 * K_T + 1,4 * K_B$$

Der durch die Diversität erforderliche Mehraufwand beläuft sich also bei dieser Gegenüberstellung auf

$$2 * K_C + 0,7 * K_T + 0,4 * K_B$$

und liegt damit unter der Grobabschätzung

$$KD_{SW} = 3 * K_{SW} \, .$$

Da davon ausgegangen ist, daß bei Einsatz der Diversität die gleiche Qualität der einzelnen Varianten angestrebt wird wie bei der einfachen Realisierung, andererseits aber, wie in Kap. 6 gezeigt, mit weniger Fehlern gerechnet werden kann, die sich nach dem Voter noch auswirken können, muß in dem Projekt der Gewinn (d. h. der geringere Verlust durch weniger Fehler und Ausfälle) in Relation zu den obigen Mehrkosten gesehen werden. Die Kosten/Nutzen-Analyse muß also die Mehrkosten während des Projektes den erhofften Schadensverringerungen während der Anwendung des Produktes gegenüberstellen.

8. Anwendung der Modelle

Die in den Kapiteln 6 und 7 eingeführten Modellansätze sollen im folgenden zusammengefaßt und beispielhaft auf in Kap. 4 beschriebene Projekte angewendet werden.

Betrachten wir zunächst die Ergebnisse des Vier-Universitäten-Experimentes (vgl. Kap. 4.5). Eine Testreihe wurde mit den fünf UCLA-Varianten durchgeführt und ergab folgende Ergebnisse. Zwei Varianten zeigten in den 200.000 Testfällen keine Fehler, eine Variante zeigte einmal ein falsches Ergebnis, und zwei Varianten hatten 283 bzw. 702 falsche Ergebnisse und davon stimmten sie 96 mal überein. Diese Werte sind in den ersten Spalten von Abb. 8-1 wiedergegeben.

Die Anwendung der Formeln (6.4) - (6.8) liefert die in Abb. 8-1 dargestellten Anteile der Einfach- und Mehrfachfehler c_1 bis c_5. Mit Hilfe dieser Werte ergibt sich bei Verwendung der Formel (6.13)

$$FA_{NMR,5\_D} = \sum_{i=3}^{5} \binom{5}{i} * \frac{1}{i} * c_i * F_{Strang} = 0$$

$$FA_{NMR,3\_D} = \sum_{i=2}^{3} \binom{3}{i} * \frac{1}{i} * c_i * F_{Strang}$$

$$= 3 * \frac{1}{2} * 0,1 * 197 = 30$$

Die Zahl der sich auswirkenden Fehler in einem 5-fach modularen System ergibt sich zu 0, da c_3, c_4 und c_5 Null sind, keine Fehler in mehr als zwei Varianten vorliegen.

Die Zahl der sich in einem 3-fach modularen System auswirkenden Fehler ergibt sich zu 30, wobei für c_2 und F_{Strang} die in Abb. 8-1 genannten Mittelwerte verwendet wurden. Die sich daraus ergebende Fehlerwahrscheinlichkeit bezogen auf die 200.000 Testfälle beträgt 30/200.000 = 0,00015.

Diese Werte liegen in derselben Größenordnung wie die Mittelwerte in Abb. 8-1 für die Doppelfehler und die Doppelfehlerwahrscheinlichkeit.

	Fehler	Fehlerwahr- scheinlichkeit	Doppelfehler	Doppelfehler- wahrscheinlichkeit	c_1	c_2	c_3,c_4,c_5
UCLA1	1	0,000 005	0	0	1	0	0
UCLA2	0	0	0	0	1	0	0
UCLA3	702	0,003 51	96	0,000 48	0,86	0,14	0
UCLA4	283	0,001 415	96	0,000 48	0,66	0,34	0
UCLA5	0	0	0	0	1	0	0
Mittelwert	197	0,000 985	38	0,000 19	0,9	0,1	0

Abb. 8-1: Fehlerzahlen und resultierende Diversitätszahlen für die UCLA-Programme

Verwenden wir die detaillierte Formel, die nicht von einheitlichen Fehlerzahlen in den einzelnen Varianten ausgeht, sondern unterschiedliche Fehlerzahlen berücksichtigt, und nehmen den pessimistischen Fall der Kombination von UCLA1, UCLA3 und UCLA4, so erhalten wir

$$FA_{NMR,3\_D} = \frac{1}{2} * [\ c_2\ (UCLA1)\ *\ F_{Strang}\ (UCLA1)\ +$$
$$+\ c_2\ (UCLA3)\ *\ F_{Strang}\ (UCLA3)\ +\ c_2\ (UCLA4)\ *\ F_{Strang}\ (UCLA4)\ ]$$

$$= \frac{1}{2} * [\ 0\ *\ 1\ +\ 0,14\ *\ 702\ +\ 0,34\ *\ 283\ ]$$

$$= \frac{1}{2} * [\ 98,28\ +\ 96,22\ ]\ =\ 97,25$$

mit der entsprechenden Fehlerwahrscheinlichkeit von 0,000 486 2.

Dieser Wert entspricht der Doppelfehlerwahrscheinlichkeit für die schlechteren Varianten UCLA3 und UCLA4.

Bei Wahl der optimistischen Kombination UCLA1, UCLA2 und UCLA5 hingegen erhalten wir

$$FA_{NMR,3\_D} = 0,$$

da die zugehörigen c_2 jeweils 0 sind.

Für die Anwendung des Kostenmodells nehmen wir das in Kap. 4.7 beschriebene PODS-Experiment. Die in /Bishop88/ dazu angegebenen Zeitaufwendungen sind in Abb. 8-2 wiedergegeben.

Aktivitäten	Aufwand in Mannstunden			
	SRD	CEGB	HRP	VTT
1 Projekt-Management	546	213	246	170
2 Anf.-Spez.	280	-	-	-
3 Entw.-Spez. + QS	-	441	138	43
4 Entwurf + QS	-	200	185	110
5 Implementierung	-	137	292	155
6 Abnahme-Test	86	82	64	45
7 Vergleichs-Test	264	50	180	119
8 MOTH-Entw.	72	-	120	-
9 Testdaten	60	-	238	-
Σ	1308	1123	1463	642

Abb. 8-2: **Aufwand für die Projektphasen im PODS-Experiment (nach /Bishop88/, S. 70)**

Aktivitäten	2	3	4	5	6	7	8	9
Projektphasen	S	E	C	C	T	T	T	E

Abb. 8-3: **Zuteilung der Aktivitäten zu den Projektphasen**

Wenn wir - wie auch in /Bishop88/ angegeben - die Projekt-Management-Kosten außer acht lassen, da diese mehr mit der Durchführung und Organisation des Experimentes und weniger mit der eigentlichen Realisierung zusammenhängen, also in einem normalen Projekt nicht derartig auftreten würden, so müssen wir die Punkte 2-9 den einzelnen Phasen unseres Phasenplanes zuordnen (vgl. Abb. 8-3).

Da wir hier nur die ersten vier Phasen des Phasenplans betrachten, die Betriebskosten nicht einschließen, erhalten wir bei einer Einzelimplementierung gemäß (7.1) die Gesamtkosten als

$$K_{SW} = K_S + K_E + K_C + K_T$$

Für die in PODS realisierte Diversität erhalten wir gemäß (7.8) und (7.16) - (7.20) entsprechend

$$KD_{SW} = KD_S + KD_E + KD_C + KD_T,$$

wobei sich die einzelnen Anteile wie folgt ergeben:

- Es wurde nur eine Anforderungs-Spezifikation erstellt, diversitätsbezogene Kosten traten also in der Spezifikationsphase nicht auf:

$$KD_S = K_S$$

- Die Entwurfs-Spezifikation wurde von drei Teams gemacht. Zusätzlich zählt zur Entwurfsphase die Testdatenentwicklung, wobei sich der Aufwand in zwei etwa gleiche Teile aufteilt. Die Testdatenentwicklung wurde nur von einem Team gemacht. Wir erhalten somit $n_E = 3$, $a_E = 0,5$ und damit

$$KD_E = 3 * 0,5 * KD_E + 0,5 * KD_E = 2 * KD_E.$$

- Die Implementierung wurde von drei Teams parallel gemacht, und es sind keine diversitätsunabhängigen Kosten zu verzeichnen, also:

$$KD_C = 3 * K_C$$

- Die Aufwendungen für den Test spalten sich wieder auf in diversitätsabhängige und diversitätsunabhängige, sowohl im Abnahmetest wie auch im Vergleichstest. Die Aufteilung ist etwa im Verhältnis 1:3, so daß wir $n_T = 3$, $a_T = 0,25$ erhalten und somit

$$KD_T = 0,75 * K_T + 3 * 0,25 * K_T = 1,5 * K_T$$

Insgesamt ergibt sich also

$$KD_{SW} = K_S + 2 * K_E + 3 * K_C + 1,5 * K_T.$$

Die Kosten teilten sich in dem PODS-Experiment etwa folgendermaßen auf die einzelnen Phasen auf: Anforderungs-Spezifikation 15%, Entwurf 30%, Implementierung 20% und Test 35%. Damit erhalten wir

$$KD_{SW} = (0{,}15 + 2 * 0{,}3 + 3 * 0{,}2 + 1{,}5 * 0{,}35) * K_{SW}$$

$$\approx 1{,}9 * K_{SW}.$$

Die Gesamtkosten der Diversität ergeben sich also bei dieser Berechnung in diesem Experiment als das 1,9-fache einer äquivalenten einfachen Realisierung. Dieser Zahl steht die in /Bishop88/ genannte Zahl von 2,3 gegenüber. Der Grund für die Diskrepanz ist darin zu sehen, daß bei /Bishop88/ nur die Aktivitäten 2-6 einbezogen wurden. Im wesentlichen führt die Einbeziehung des Vergleichstests zu einer besseren Bewertung, d. h. zu einer geringeren Kostensteigerung gegenüber einer einfachen Realisierung. Diese Zahlen zeigen erwartungsgemäß, daß 3-fache Diversität in einigen Phasen nicht die Verdreifachung der Gesamtkosten bedingt, sondern nur eine eingeschränkte Kostensteigerung mit sich bringt.

9. Vergleich mit anderen Modellen

Für die Modellierung von fehlertoleranten Systemen, insbesondere auch der Software wie Rücksetzblöcke und N-Versionen-Programmierung, gibt es noch keine allgemein akzeptierten Verfahren. Es sind einige Ansätze in den letzten Jahren gemacht worden, wie z. B. in /Hecht79, Grnarov80, Bhargawa81, Soneriu81, Wei81, Migneault82, Laprie84, Eckhardt85a, Eckhardt85b, Scott87, Littlewood87a, Littlewood87b/.

Auf einem Workshop im Juli 1986 wurde über die offenen Fragen der Zuverlässigkeits-Modellierung diskutiert. Die Ergebnisse dieses Workshops sind in /Littlewood88/ beschrieben.

Im folgenden soll auf einige der bisher bekannten Modellierungsansätze näher eingegangen werden. Sie sollen analysiert und den in dieser Arbeit eingeführten Ansätzen gegenübergestellt werden. Es soll aufgezeigt werden, wo die Ansätze sich ähneln, von gleichen oder verschiedenen Annahmen ausgehen und was mit ihnen bestimmt werden kann.

9.1 Zustandsmodell von Hecht

Hecht /Hecht79/ betrachtet nur ein grundlegendes Fehlerzustandsmodell für Rücksetzblöcke (vgl. Abb. 9-1). Die einzelnen Zustände sind:

1: Primärblock arbeitet korrekt
2: Fehler erkannt
3: Sekundärblock arbeitet korrekt
4: Systemfehler

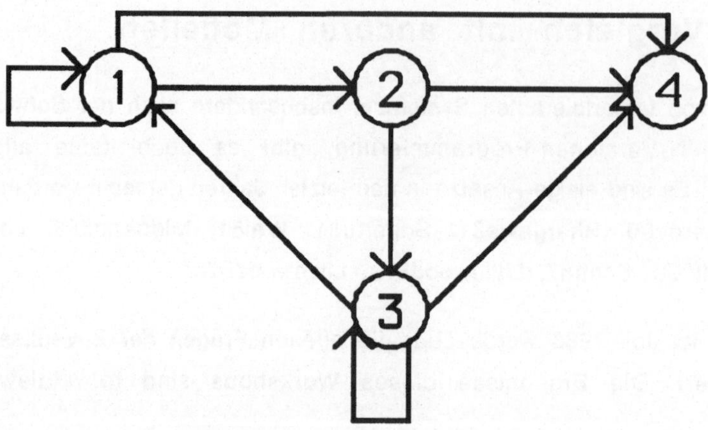

Abb. 9-1:   Fehlerzustandsmodell   (nach   /Hecht79/)

Die einzelnen Zustandsübergänge sind:

1 -> 1	Primärblock arbeitet weiter korrekt
1 -> 2	Fehler im Primärblock erkannt
1 -> 4	unerkannter Fehler führt zum Ausfall
2 -> 3	Aufruf des Sekundärblocks
2 -> 4	Fehler führt zum Ausfall
3 -> 1	Rückkehr zum Primärblock
3 -> 3	Sekundärblock arbeitet weiter
3 -> 4	unkorrelierter Ausfall des Sekundärblocks

Die korrelierten Fehler werden in den Übergang 2 -> 4 integriert.

Dieses einfache Modell ermöglicht es, Aussagen über die Zuverlässigkeit eines Systems mit Rücksetzblöcken zu machen, wenn entsprechende Zuverlässigkeitsdaten oder -annahmen für die einzelnen Komponenten vorliegen.

Es beschränkt sich aber auf das hier wiedergegebene Zustandsdiagramm und macht keinerlei Aussagen über die zugehörigen Wahrscheinlichkeitsfunktionen. Eine Aussage zur N-Versionen-Programmierung wird ebenfalls nicht gemacht. Dieses Modell von Hecht kann als ein erster Versuch gewertet werden, die verschiedenen Zustände und Zustandsübergänge bei Rücksetzblöcken zu beschreiben, ohne weitergehende Informationen daraus ableiten zu können.

Ausgehend von diesem Modell können wir ein analoges Modell für die NVP entwickeln. Dabei können folgende Zustandsklassen definiert werden:

1: übereinstimmende Mehrheit korrekt

2: übereinstimmende Mehrheit falsch

3: keine Mehrheit

Als Zustandsübergänge ergeben sich (vgl. Abb. 9-2):

1 -> 1	Mehrheit bleibt korrekt
1 -> 2	Mehrheit wird falsch
1 -> 3	keine Mehrheit mehr vorhanden
2 -> 1	Mehrheit wird korrekt
2 -> 2	Mehrheit bleibt falsch
2 -> 3	keine Mehrheit mehr vorhanden
3 -> 1	Mehrheit wird korrekt
3 -> 2	Mehrheit wird falsch
3 -> 3	weiterhin keine Mehrheit

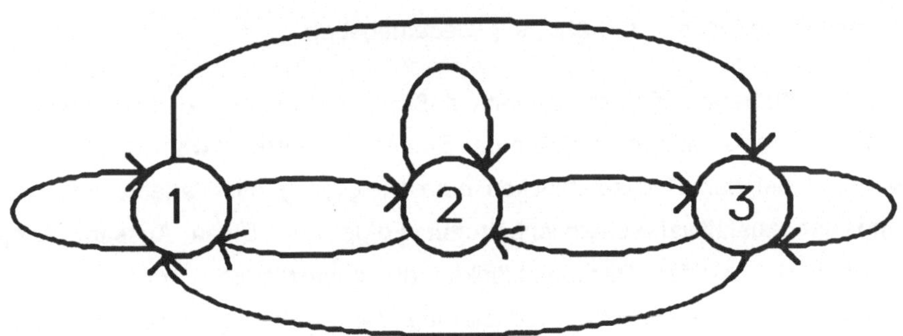

Abb. 9-2: Zustandsmodell für NVP

Dabei ist der Voter nicht getrennt gewertet, sondern kann ebenfalls die Ursache für die einzelnen Übergänge sein.

Kritischer Zustand ist der Zustand 2, da die fehlerhafte Mehrheit in der Regel nicht von sich aus als solche erkannt wird, sondern ein korrekter Zustand vorgetäuscht wird. Dies kann durch einen identischen, korrelierten Fehler in der Mehrheit der Varianten verursacht werden.

Der Zustand 3 hingegen ist unkritisch, da bei einer mehrheitslosen Situation das System keine Entscheidung treffen kann, der Fehlerzustand also leicht sichtbar ist. In Systemen mit einem sicheren Zustand kann hier in den sicheren Zustand übergegangen werden.

Den einzelnen Zustandsübergängen können Auftrittswahrscheinlichkeiten zugeordnet werden, und mit Hilfe einer Markov-Modellierung lassen sich weitere Analysen durchführen.

9.2   Grnarov-Modell

In /Grnarov80/ wird ein Modell aufgestellt, daß den Vergleich von der Rücksetzblock-Technik mit der N-Versionen-Programmierung zum Ziel hat. Dabei werden nicht nur Zuverlässigkeits-Betrachtungen gemacht, sondern auch der Zeitbedarf für diese unterschiedlichen Lösungen wird verglichen.

Das hierbei zugrundegelegte Modell ist in Abb. 9-3 wiedergegeben.

Die in /Grnarov80/ enthaltenen Kurven zeigen, daß für N-Versionen-Programmierung eine Vermehrung der Variantenzahl mit einem Sinken der Ausfallwahrscheinlichkeit gekoppelt ist, während bei den Rücksetzblöcken eine Steigerung der Variantenzahl eine leichte Steigerung der Ausfallwahrscheinlichkeit zur Folge hat. Diese Aussage klingt allerdings unplausibel, da bei den Rücksetzblöcken die zusätzlichen Varianten nur im Fehlerfall aktiviert werden, also nur eine Reduzierung der Ausfallwahrscheinlichkeit zur Folge haben können.

Die Wahrscheinlichkeit, in den Zustand 'Ausfall' zu gelangen, wird für die Rücksetzblöcke modelliert als

$$P_{FRB} = Q_{AT} \left[1 - (P')^{N-1} \right]$$

      mit

Q_{AT} Wahrscheinlichkeit für den Ausfall des Akzeptanztests (AT)

$N-1$ Anzahl der Varianten

P' Wahrscheinlichkeit für fehlerfreie Variante

Die Ausfallwahrscheinlichkeit für ein NVP-System ergibt sich in diesem Modell zu

$$P_{FNVP} = q_V \left[\sum_{j=0}^{L+1} \binom{N-1}{j} * (p'')^j (q'')^{N-j-1} \right.$$

$$\left. + \sum_{j=1}^{L+1} p_V^{\,i} * \left(\sum_{j=0}^{L-i+1} \binom{N-i-1}{j} * (p'')^j (q'')^{N-i-j-1} \right) \right]$$

mit

q_V Ausfallwahrscheinlichkeit einer Variante

$p_V = 1 - q_V$

$L = N - m - 1 \ (L \geq 0)$

N Anzahl der Varianten

$m = $ ceiling$((N+1)/2)$ Mehrheit

$q'' = c' \, q'$

     mit c' : bedingte Wahrscheinlichkeit

        $P(V_i$ hat gleichen Fehler wie eine andere

        Variante $|\ V_i$ hat Fehler)

     q': bedingte Wahrscheinlichkeit

        $P(V_i$ hat Fehler $|$ eine andere Variante hat

        einen Fehler)

$p'' = 1 - q''$

Der Ansatz von Grnarov geht stärker als der vorher beschriebene auf die NVP sowie die Problematik der identischen Fehler ein. Durch die bedingten Wahrscheinlichkeiten werden diese identischen Fehler berücksichtigt.

Im Gegensatz zu den in dieser Arbeit vorgeschlagenen Modellen wird allerdings kein Unterschied zwischen den einzelnen Varianten gemacht. Alle Varianten werden gleichbehandelt. Der Voter bleibt unberücksichtigt.

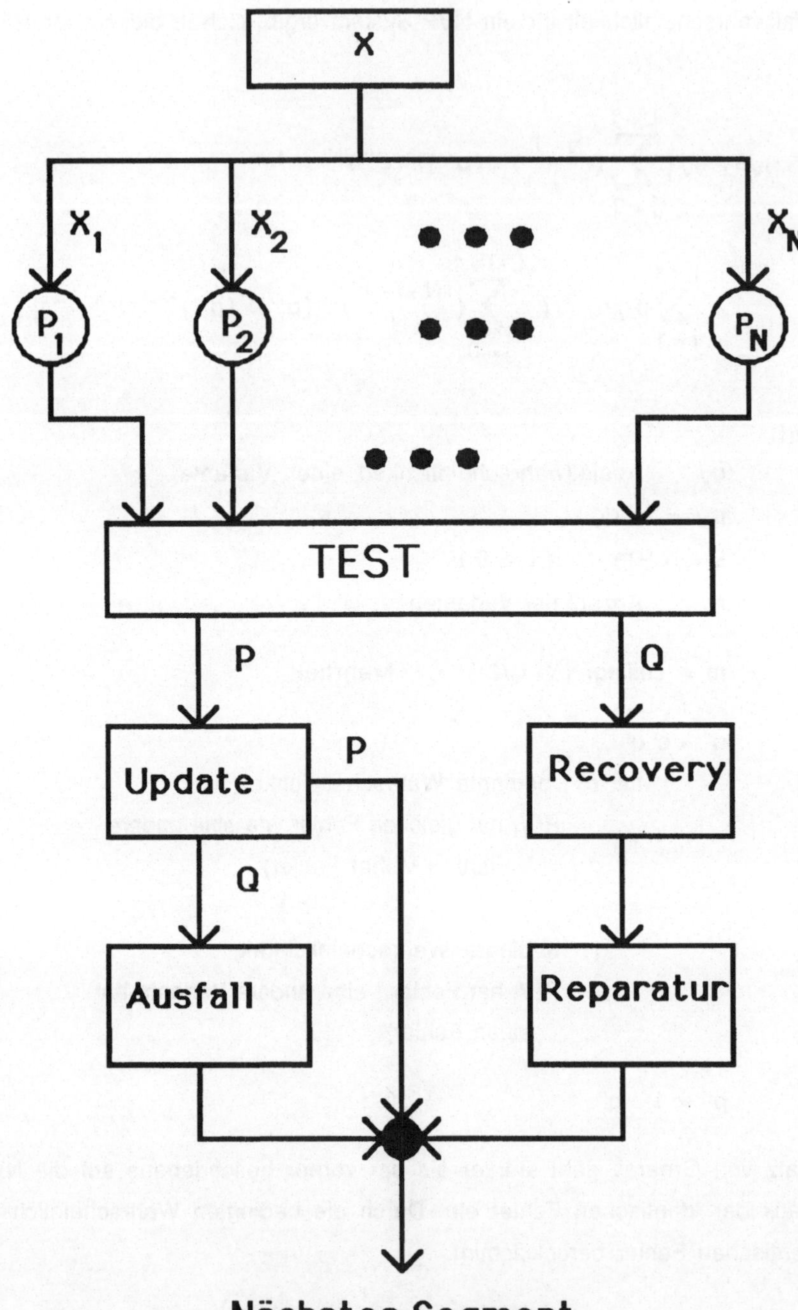

Abb. 9-3: Grnarov-Modell für NVP (nach /Grnarov80/)

9.3 Bhargava-Modell

In /Bhargava81/ wird nur die Rücksetzblock-Technik betrachtet. Verschiedene Formen der Architekturen von Systemen mit Rücksetzblöcken werden beschrieben und miteinander verglichen. Der Zusammenhang zwischen den Kosten dieser Architekturen und ihrer Zuverlässigkeit wird dargestellt.

In den Betrachtungen wird allerdings von einer Unabhängigkeit der Varianten und des Abnahmetests ausgegangen. Daher ist dieses Modell aus heutiger Sicht nicht mehr einsetzbar bzw. nicht allgemein genug.

9.4 Migneault-Kostenmodell

/Migneault82/ erläutert zunächst ein Modell für die Kosten von Software, wobei die Entwicklungskosten bis zum Abnahmetest in einer Zahl zusammengefaßt sind, und die weiteren Testkosten von dem angestrebten Fehlerfreiheitsgrad abhängen.

Zusätzlich wird für ein NVP-System (vgl. Abb. 9-4) die Fehlerwahrscheinlichkeit einer Voter-Varianten-Gruppe angegeben als

$$P_{bx} = (1-q)^N \sum_{i=(N+1)/2}^{N} \binom{N}{i} * \left(\frac{q}{1-q}\right)^i$$

Dabei gilt

$q = q_p + q_v - q_p q_v$ Voter-Varianten-Ausfallwahrscheinlichkeit

q_p Programmvarianten-Ausfallwahrscheinlichkeit

q_v Voter-Ausfallwahrscheinlichkeit

N Anzahl der Varianten

Bei der Ausfallwahrscheinlichkeit P_{bx} wird vorausgesetzt, daß die Fehler in den einzelnen Voter-Varianten-Paaren unabhängig von den Fehlern in den anderen Voter-Varianten-Paaren auftreten.

Identische Fehler werden nicht berücksichtigt. Damit ist dieser Ansatz als zu optimistisch zu betrachten.

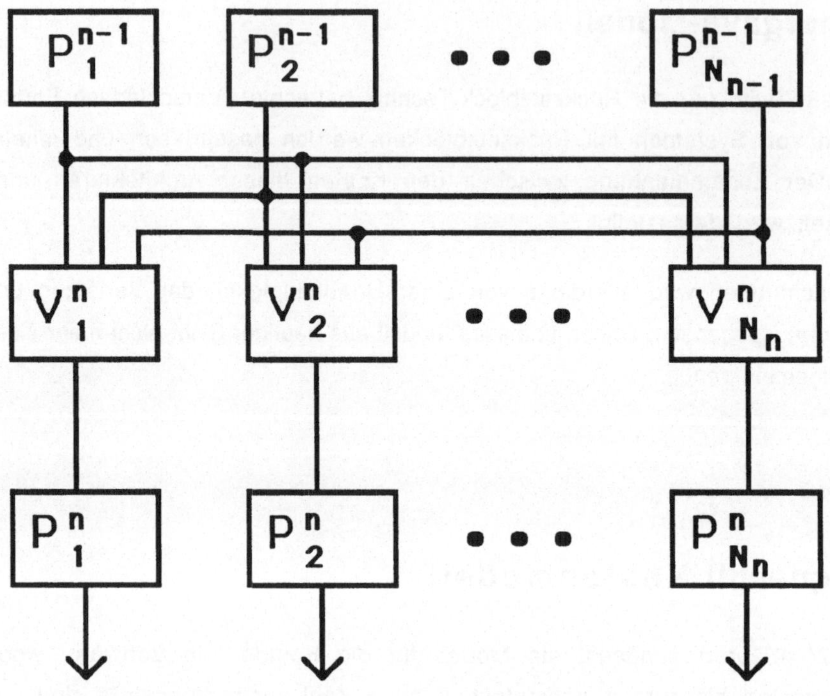

Abb. 9-4: NVP-System mit N Votern (nach /Migneault82/)

9.5 Laprie-Modell

In /Laprie84/ wird ein Ansatz für die Modellierung von fehlerhafter Software gemacht, der in erster Linie die Nutzung der Software betrachtet. Zu einer fehlerhaften Teilmenge A_F der Ausgabemenge A gehört eine Teilmenge E_F der Eingabemenge E, die durch das Programm P auf A_F abgebildet wird.

Neben der Abbildung verschiedener Elemente aus E_F auf Elemente aus A_F wird auch die Wirkung verschiedener Programme P_i in /Laprie84/ betrachtet, die bei gleichem A_F unterschiedliche E_{Fi} haben können.

Bei der Modellierung wird von drei Zuständen ausgegangen:

- 1: Software im Ruhezustand

- 2: Software im Ausführungszustand

- 3: Software ausgefallen

Die Zustandsübergänge werden mit einem Markov-Modell dargestellt (vgl. Abb. 9-5), wobei $1/\eta$ die mittlere Ruhezeit ist, $1/\gamma$ die mittlere Ausführungszeit und λ die Ausfallrate.

Aufgrund dieser Größen können dann die Zuverlässigkeit und die Zuverlässigkeit R und die mittlere Zeit bis zum Ausfall MTTF approximiert werden zu

$$R(t) \approx \exp(-\eta/(\gamma + \eta)\,\lambda t\,)$$

$$MTTF \approx 1/\lambda\,((\gamma + \eta)/\eta\,).$$

Auf die Schwierigkeiten bei der Anwendung dieses Modells, nämlich das Bestimmen von γ, η und λ, wird hingewiesen. Die Anwendung dieses Modells auf die Rücksetzblock-Technik wird kurz umrissen, wobei auch das Auftreten von korrelierten Fehlern in der Hauptalternative, dem Akzeptanztest und der Sekundäralternative mit einfließt.

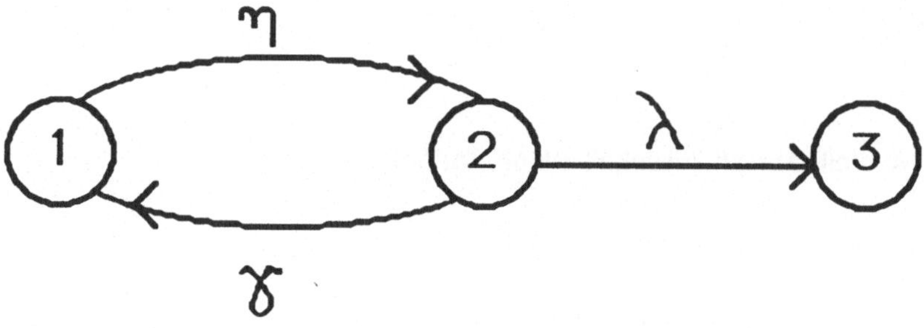

Abb. 9-5: Markov-Modell des Software-Ausfallverhaltens (nach /Laprie84/)

9.6 Eckhardt-Lee-Modelle

In /Eckhardt85b/ werden ein Modell mit unabhängigem Fehlerverhalten und ein Modell mit abhängigem Fehlerverhalten einander gegenübergestellt.

Die Wahrscheinlichkeit für einen Systemausfall bei einem NVP-System, bei dem abhängige Fehler vorausgesetzt werden, ergibt sich zu

$$p_N = \int \sum_{i=m}^{N} \binom{N}{i} \, [\, \theta(x) \,]^{\,i} \, [\, 1 - \theta(x) \,]^{\,N-i} \; dQ$$

wobei   N   Anzahl der Varianten, ungerade

       m   Mehrheit der Varianten, $m = (N+1)/2$

       $\theta(x)$ Intensität der identischen Fehler

       Q   Verteilung der Eingabedaten.

Unter der Annahme, daß die einzelnen Varianten unabhängig voneinander fehlerhaft sind, ergibt sich die Ausfallwahrscheinlichkeit eines redundanten NVP-Systems zu

$$p_N = \sum_{i=m}^{N} \binom{N}{i} \, p^{\,i} \, [\, 1 - p \,]^{\,N-i}$$

wobei p   Ausfallwahrscheinlichkeit einer Variante.

Die in die Modelle einfließenden Annahmen sind:

    a) Die Erstellung der Varianten entspricht statistisch unabhängigen Versuchen.

    b) Die Varianten haben identisch verteilte Fehlerfunktionen.

    c) Die Varianten erhalten die selben Eingaben, die stationär und unabhängig sind.

Beim Modell mit abhängigem Fehlerverhalten werden zwei Zufallseinflüsse betrachtet: die unterschiedlich entwickelten Varianten haben ggf. unterschiedliche Eingabebereiche, auf denen sie fehlerhaft sind, und das Auftreten von Eingabedaten ist zufallsbedingt verteilt.

Dabei zeigt sich, daß bei beiden Modellen ein Vorteil für das NVP-System gegenüber dem einfachen System existiert, wobei allerdings bei Anwendung des Modells mit abhängigem Fehlerverhalten eine größere Anzahl von Varianten zur Erreichung derselben Zuverlässigkeit erforderlich ist als bei dem Modell mit unabhängigem Fehlerverhalten. Im ungünstigen Fall, bei dem die Wahrscheinlichkeit von identischen Fehlern hoch ist, zeigt das abhängige Modell, daß das NVP-System schlechter ist als ein Einzelsystem. Diese Aussage stimmt mit der in Kap. 6 gemachten Aussage über die Diversitätsauswirkungen überein.

Bei einem beispielhaften Vergleich der beiden Modelle wird bei abhängigen Fehlern erst mit 17 Varianten die gleiche verringerte Ausfallwahrscheinlichkeit erreicht wie bei unabhängigen Fehlern bereits mit 5 Varianten.

In weiteren Beispielen wird für unterschiedliche Fehlerverteilungen die Auswirkung auf die Systemausfallwahrscheinlichkeit gezeigt. So gibt es Verteilungen, bei denen die Anzahl der Varianten unterschiedlich starke Verringerungen der Systemausfallwahrscheinlichkeiten mit sich bringt, wie auch Verteilungen, bei denen die Redundanzen zu einer Erhöhung der Ausfallwahrscheinlichkeit führt.

Als Hauptergebnis kann gelten, daß bei gewissen unsymmetrischen Dichtefunktionen ein N-Varianten-System besser ist als ein Einzelsystem.

Das Auftreten von identischen Fehlern in redundanten Varianten führt dazu, daß eine höhere Zahl von Varianten zur Erreichung der gleichen Zuverlässigkeit notwendig ist als bei völliger Unabhängigkeit. Bei einem hohen Anteil an identischen Fehlern kann ein N-Varianten-System sogar durchschnittlich schlechter sein als ein Einzelsystem.

9.7   Littlewood-Miller-Modell

In /Littlewood87a, Littlewood87b/ wird zunächst auf das Eckhardt-Lee-Modell eingegangen /Eckhardt85b/. Während bei E&L die Auswahl der Varianten aus einer Programm-Menge mit gleichartig erstellten Programmen geschah, gehen L&M davon aus, daß unterschiedliche Methoden, die bei der Programmentwicklung angewendet werden, die Menge der möglichen Programme in getrennte Klassen teilt. Durch die Wahl von Varianten aus unterschiedlichen Klassen wird eine Diversität garantiert und die Wahrscheinlichkeit für identische Fehler verringert sich gegenüber der Auswahl von Varianten aus einer Klasse, wie es bei E&L geschehen ist.

Werden z. B. mehrere Methoden im Laufe der Programmerstellung eingesetzt, und zwar jeweils zwei zueinander konträre, wie z. B. A1, A2, B1, B2, ..., X1, X2, so erhält man bei der Wahl der beiden Varianten, die mit A1, B1, ..., X1 bzw. A2, B2, ..., X2 erstellt worden sind, die größte Diversität und die wenigsten identischen Fehler im Vergleich zu einer anderen Wahl, bei der einige der Methoden bei den beiden gewählten Varianten identisch gewesen sind, wie z. B. bei A1, B1, ..., X1 und A1, B2, ..., X1.

In ihrem Ansatz gehen L&M nicht auf die Problematik ein, wo Fehler entstehen und welche Fehler vermieden werden sollen. Es fließt nur die Unterschiedlichkeit von Methoden ein, ohne aber auch hier genauere Beispiele für Bewertungen zu geben.

Unberücksichtigt bleibt dabei z. B. der Bereich Spezifikation als zentraler Ausgangspunkt. Fehler in der Spezifikation sind i. a. identische Fehler in den verschiedenen Varianten, unabhängig von der Diversität der anschließend gewählten Methoden. Nur in geringem Ausmaß kann davon ausgegangen werden, daß sich Spezifikationsfehler in den unterschiedlichen Implementierungen unterschiedlich auswirken werden und damit auch nicht zu identischen Fehlern führen.

Der in Kap. 6 vorgestellte Ansatz zeigt die gleichen Auswirkungen von einer stärkeren Wahl der Diversität der Methoden. Jede zusätzliche Diversität vergrößerte dort die Diversität und damit auch die Wirkung der Diversität bzw. reduzierte die Wahrscheinlichkeit für identische Fehler.

9.8 Abschließende Betrachtung

Die in diesem Kapitel vorgestellten Modelle für fehlertolerante Software variieren in ihren Ansätzen sehr stark, von Zustandsdiagrammen mit Übergangswahrscheinlichkeiten und Markovanalysen bis zu Fehlerwahrscheinlichkeiten und Ausfallwahrscheinlichkeiten, teilweise nur für eine der beiden Techniken Rücksetzblöcke und N-Varianten-Programmierung anwendbar, teilweise für beide. In einigen Fällen waren Vergleiche mit den in dieser Arbeit eingeführten Fehler- und Kosten-Modellen möglich. Insgesamt gesehen stellen aber die neuen Modelle eine Erweiterung dar, da nicht nur die einzelnen Methoden -

wie bei L&M - einfließen, sondern sowohl beim Fehlermodell als auch beim Kostenmodell die einzelnen Software-Entwicklungsphasen getrennt parametrisiert werden können und auch die über eine einzelne Phase hinausgehenden Auswirkungen auf die verschiedenen Phasen mit berücksichtigt werden können.

Eine Integration von verschiedenen Modellen erscheint möglich. So können mit den neuen Fehlermodellen Ausfallwahrscheinlichkeiten abgeschätzt oder bestimmt werden, die dann z. B. in das Laprie-Modell einfließen können.

10. Schlußbemerkung

In dieser Arbeit ist zunächst die Problematik bei der Verwendung von Software-Redundanz und die Wirksamkeit von Diversität erläutert worden.

Eine Reihe von Experimenten und Realiserungen mit Software-Diversität sind beschrieben und einander gegenübergestellt worden. Die allen gemeinsame Aussage war, daß Software-Diversität einen positiven Effekt gezeigt hat; über die exakte Quantifizierung des Effektes bestand aber keine einheitliche Aussage.

Es wurden Fehlermodelle eingeführt, bei denen die Auswirkungen von unterschiedlichen Formen der Diversität in den verschiedenen Entwicklungsphasen berücksichtigt werden können. Die Abhängigkeit der Fehlerauswirkungen von der Art des Voters wurde gezeigt.

Ein Kostenmodell wurde definiert, das ebenfalls auf unterschiedliche Diversitätsformen angewandt werden kann und einen Vergleich der Aufwendungen mit einer singulären Entwicklung gestattet.

Die hier vorgestellten eigenen Fehler- und Kosten-Modelle können in verschiedener Weise angewandt werden, und zwar sowohl in der Projekt-Planungsphase als auch bei der Validation. In der Projekt-Planungsphase können sie als Entscheidungshilfe für die Auswahl der entsprechenden Diversitätsform dienen. Dabei wird von Annahmen über Fehlerverteilungen, die aus vorangegangenen Projekten gesammelt worden sind, ausgegangen, um die Effekte verschiedener Diversitätsformen auf das Fehlerverhalten im geplanten System zu bestimmen. Für diese Diversitätsformen werden dann anhand von Erfahrungswerten über die Kostenverteilung über die einzelnen Projektphasen mit Hilfe des Kostenmodells Abschätzungen über die jeweiligen Kosten gemacht. Nutzen und Kosten werden dann einander gegenübergestellt, wobei sich der Nutzen aus den Einsparungen durch geringere Fehlerauswirkungen ergibt.

In der Validation kann mit den Modellen eine Bewertung der Diversität unter Hinzuziehung der aktuell gewonnenen Daten gemacht werden. Dazu müssen ebenfalls zu Projektbeginn Abschätzungen über die Fehler in den einzelnen Phasen, aufgeteilt nach identischen und nicht-identischen Fehlern, gemacht werden, die jeweils den erzielten Daten gegenübergestellt werden. Aufgrund des Vergleichs kann festgestellt werden, ob die jeweils eingesetzte Diversität den erwarteten Erfolg gezeigt hat oder nicht. Falls der Erfolg nicht so hoch ist wie erwartet, kann dies auf eine höhere Gemeinsamkeit durch einen übersehenen Einflußfaktor hindeuten, und entsprechende Korrekturen können ggf. vorgenommen werden.

Es ist hier der Versuch unternommen worden, die Auswirkungen der Anwendung von verschiedenen Diversitätsformen bei der Realisierung von Rechensystemen und Software im besonderen mit Hilfe von Modellen klarer zu beschreiben. Diese Modelle stellen aber noch keine endgültige Fixierung dar, sondern müssen anhand von weiteren Experimenten und Realisierungen validiert, ergänzt und verbessert werden. Ihre Verwendung nicht nur im qualitativen Bereich, sondern auch im quantitativen Bereich nach entsprechenden projektabhängigen Tuningmaßnahmen sollte möglich sein.

Die Verwendung derartiger Modelle ist erforderlich, um für den Einsatz von Diversität ausreichend Informationen zu haben, denn die Notwendigkeit von Diversität findet jetzt auch Eingang in die Normenwelt.

So wird z. B. in der Norm DIN VDE 0116 A1 "Elektrische Ausrüstung von Feuerungsanlagen, Änderung 1" (Druck-Manuskript Mai 1988) der Einsatz von diversitären Programmen gefordert, wenn kein vollständiger Programmtest und kein Korrektheitsnachweis durchführbar ist. Für die diversitären Programme wird keine Fehlerfreiheit, sondern nur eine Fehlerarmut gefordert. Diversität ist erreicht, wenn das gleiche Problem unabhängig voneinander gelöst wurde (zufällige Diversität) oder vom Ansatz her unterschiedliche Lösungswege verfolgt wurden (erzwungene, konstruierte Diversität). Es wird unterstellt, daß fehlerarme diversitäre Programme nur noch Fehler enthalten, die sich unterschiedlich auswirken. Diese Unterstellung ist allerdings falsch, wie wir gesehen haben, aber zumindest sind die identischen Fehler um etwa eine Größenordnung weniger als die (herkömmlichen) nicht-identischen Fehler.

Um exaktere Aussagen zu ermöglichen, sind weitergehende Untersuchungen zu den Ursachen und Wirkungen von Fehlern innerhalb des Software-Entwicklungs-Zyklus erforderlich. Genauere Kenntnisse über Fehlermechanismen können es ermöglichen, Diversität gezielter einzusetzen und einen höheren Nutzen aus ihr zu ziehen. Dazu muß die Zahl der identischen Fehler reduziert werden und ihr Anteil um mehr als eine Größenordnung kleiner sein als alle Fehler.

Die Ursachen für die Abhängigkeit der Varianten ist näher zu untersuchen, insbesondere welchen Einfluß z. B. die Schwere der Aufgabenstellung, die Form der Spezifikation, die Programmiersprache und die Denkvorgänge beim Programmierer haben.

Die dabei gewonnenen Erkenntnisse können teilweise direkt in den vorgestellten Modellen benutzt werden, teilweise können sie auch zu einer Weiterentwicklung der Ansätze benutzt werden.

Literatur

/Anderson85/
   T. Anderson, P. A. Barrett, D. N. Halliwell, M. R. Moulding:
   Software Fault Tolerance: An Evaluation.
   IEEE Trans. Software Engineering, SE-11 (Dec. 1985) 12, 1502-1510.

/Anderson86/
   T. Anderson:
   A Structured Decision Mechanism for Diverse Software.
   Proc. 5th Symp. on Reliability in Distributed Software and Database Systems,
   Los Angeles, CA, USA, Jan. 1986, 125-129.

/Avizienis77/
   A. Avizienis, L. Chen:
   On the Implementation of N-Version Programming for Software Fault-Tolerance during
   Program Execution.
   Proc. COMPSAC'77, Chicago, IL, USA, November 1977, 149-155.

/Avizienis84/
   A. Avizienis, J. P. J. Kelly:
   Fault-Tolerance by Design Diversity: Concepts and Experiments.
   IEEE Computer, 17 (Aug. 1984) 8, 67-80.

/Avizienis85/
   A. Avizienis, P. Gunningberg, J. P. J. Kelly, L. Strigini, P. J. Traverse, K. S. Tso,
   U. Voges:
   The UCLA DEDIX System: A Distributed Testbed for Multiple-Version Software.
   Proc. 15th Annu. Int. Symp. Fault-Tolerant Computing FTCS'15, Ann Arbor, MI,
   USA,19-21 June 1985, 126-134.

/Avizienis88/
   A. Avizienis, M. R. T. Lyu, W. Schütz, K. S. Tso, U. Voges:
   DEDIX87 - A Supervisory System for Design Diversity Experiments at UCLA.
   In /Voges88b/, 129-168.

/Bhargawa81/
   B. Bhargawa:
   Software Reliability in Real-Time Systems.
   Proc. National Computer Conference, Chicago, IL, USA, 1981, 297-309.

/Bishop85/
   P. Bishop, D. Esp, M. Barnes, P. Humphreys, G. Dahll, J. Lahti, S. Yoshimura:
   Project on Diverse Software - An Experiment in Software Reliability.
   Proc. IFAC Safecomp'85, Como, I, 1-3 Oct 1985, 153-158.

/Bishop87/
   P. G. Bishop, D. G. Esp, F. D. Pullen, M. Barnes, P. Humphreys, G. Dahll, B. Bjarland,
   J. Lahti, H. Valismo:
   STEM - A Project on Software Test and Evaluation Methods.
   Proc. "Achieving Safety and Reliability with Computer Systems, SARSS'87,
   Altrincham, UK, 11-12 November 1987, 100-117.

/Bishop88/
P. G. Bishop:
The PODS Diversity Experiment.
In: /Voges88b/, 51-84.

/Boehm74/
B. W. Boehm:
Some Steps Toward Formal and Automated Aids to Software Requirements Analysis and Design.
2nd IFIP Congress, Stockholm, Schweden, 1974.

/Bonar87/
Bonar August Systems:
CS330 Control System, Data Sheet.
Bonar August Systems Doc. No. EPO-0010--1, 1987.

/Brilliant87/
S. S. Brilliant, J. C. Knight, N. G. Leveson:
The Consistent Comparison Problem in N-Version Software.
ACM Sigsoft SEN 12 (January 1987) 1, 29-34.

/Caine75/
S. H. Caine, E. K. Gordon:
PDL - A tool for software design.
Proc. NCC, 1975.

/Chen78/
L. Chen, A. Avizienis:
N-Version Programming: A Fault-Tolerance Approach to Reliability of Software Operation.
Proc. Intern. Fault Tolerant Computing Symposium FTCS'8, Toulouse, F,
21-23 June 1978, 3-9.

/Dahll79/
G. Dahll, J. Lahti:
An Investigation of Methods for Production and Verification of Highly Reliable Software.
Proc. IFAC Workshop Safecomp'79, Stuttgart, D, May 16-18, 1979, 89-94.

/Dahll83/
G. Dahll, J. Lahti:
The Specification System X-SPEX - Introduction and Experience.
Proc. IFAC Workshop Safecomp'83, Cambridge, UK, 20-22 September 1983,
111-118.

/DIN40041/
DIN 40041:
Zuverlässigkeit - Begriffe.
Entwurf November 1988,
Beuth-Verlag Berlin.

/Dorato86/
K. H. Dorato:
Fault Tolerant Multi-Version Software: The Problem of Similar Errors.
Master Thesis, University of California, Los Angeles, 1986.

/Eckhardt85a/
D. E. Eckhardt, L. D. Lee:
An Analysis of the Effects of Coincident Errors on Multi-Version Software.
Proc. AIAA Conf. Computers in Aerospace, Long Beach, CA, USA, 1985, 370-373.

/Eckhardt85b/
D. E. Eckhardt, L. D. Lee:
A Theoretical Basis for the Analysis of Multiversion Software Subject to Coincident Errors.
IEEE Trans. Software Engineering, SE-11 (December 1985) 12, 1511-1517.

/EPRI82/
Validation of Real-Time Software for Nuclear Plant Safety Applications.
Final Report NP-2646, EPRI, November 1982.

/Gilbert85/
R. S. Gilbert, G. A. Hepburn, N. M. Ichiyen:
Computerized Plant Protection Systems in CANDU Reactors.
EPRI-Seminar 'Power Plant Digital Control and Fault-Tolerant   Microcomputers, Scottsdale, AZ, USA, 9-12 April 1985.

/Gmeiner79/
L. Gmeiner, U. Voges:
Software Diversity in Reactor Protection Systems: An Experiment.
Proc. IFAC-Workshop Safecomp'79, Stuttgart, D, May 16-18, 1979, 75-79.

/Goguen79/
J. A. Goguen, J. J. Tardo:
An Introduction to OBJ.
Proc. Specifications for Reliable Software, April 1979, 170-189.

/Goring87/
C. J. Goring:
A Practical Approach to Diversity and Redundancy.
Unveröffentlicht 1987.

/Gray86/
J. Gray:
Why do computers stop and what can be done about it?
Proc. 5th Symp. on Reliability in Distributed Software and Database Systems, Los Angeles, CA, USA, Jan. 1986, 3-12.

/Grnarov80/
A. Grnarov, J. Arlat, A. Avizienis:
On the Performance of Software Fault-Tolerance Strategies.
Proc. 10th Intern. Symp. on Fault-Tolerant Computing, FTCS'10, Kyoto, Japan, 1-3 October 1980, 251-253.

/Hagelin86/
G. Hagelin:
Private Kommunikation, 1986.

/Hagelin88/
    G. Hagelin:
    ERICSSON Safety Systems for Railway Control.
    In: /Voges88b/, 11-21.

/Hecht79/
    H. Hecht:
    Fault-Tolerant Software.
    IEEE Trans. Reliability, R-28 (August 1979) 3, 227-232.

/Kelly82/
    J. P. J. Kelly:
    Specification of Fault-Tolerant Multi-Version Software: Experimental Studies of a
    Design Diversity Approach.
    CSD-820927, University of California, Los Angeles, 1982.

/Kelly86/
    J. P. J. Kelly, A. Avizienis, B. T. Ulery, B. J. Swain, R.-T. Lyu, A. Tai, K.-S. Tso:
    Multi-Version Software Development.
    IFAC-Workshop Safecomp'86, Sarlat, F, 14-17 Oct. 1986, 43-49.

/Kelly88/
    J. P. J. Kelly, D. E. Eckhardt, M. A. Vouk, D. F. McAllister, A. Caglayan:
    A Large Scale Second Generation Experiment in Multi-Version Software:
    Description and Early Results.
    Proc. 18th Intern. Symp. on Fault-Tolerant Computing, FTCS'18, Tokyo, Japan,
    27-30 June 1988, 9-14.

/Knight85/
    J. C. Knight, N. G. Leveson, L. D. St. Jean:
    A Large Scale Experiment in N-Version Programming.
    Proc. 15th Annu. Int. Symp. Fault-Tolerant Comput., Ann Arbor, USA, June 1985,
    135-139.

/Knight86a/
    J. C. Knight, N. G. Leveson:
    An Experimental Evaluation of the Assumption of Independence in Multiversion
    Programming.
    IEEE Trans. Software Engineering, SE-12 (Jan. 1986) 1, 96-109.

/Knight86b/
    J. C. Knight, N. G. Leveson:
    An Empirical Study of Failure Probabilities in Multi-Version Software.
    Proc. 16th Ann. Int. Symp. Fault-Tolerant Comput., Vienna, A, 1-4 July 1986,
    165-170.

/Knight87/
    J. C. Knight:
    Private Kommunikation, 1987.

/Laprie84/
    J.-C. Laprie:
    Dependability Evaluation of Software Systems in Operation.
    IEEE Trans. Software Engineering, SE-10 (November 1984) 6, 701-714.

/Laprie87a/
J.-C. Laprie, J. Arlat, C. Beounes, K. Kanoun, C. Hourtolle:
Hardware- and Software-Fault Tolerance: Definition and Analysis of Architectural Solutions.
Proc. 17th Intern. Symposium on Fault-Tolerant Computing FTCS'17, 6-8 July 1987, Pittsburgh, PA, USA, 116-121.

/Laprie87b/
J.-C. Laprie, A. Costes:
Dependable Computing and Fault Tolerance at LAAS: a Summary.
In /Avizienis87/, 193-213.

/Leveson83/
N. G. Leveson, P. R. Harvey:
Analyzing Software Safety.
IEEE Trans. Software Engineering SE-9 (September 1983) 5, 569-579.

/Leveson87/
N. G. Leveson, Private Kommunikation, 1987.

/Littlewood87a/
B. Littlewood, D. R. Miller:
A Conceptual Model of Multi-Version Software.
Proc. 17th Intern. Symposium on Fault-Tolerant Computing FTCS'17, 6-8 July 1987, Pittsburgh, PA, USA, 150-155.

/Littlewood87b/
B. Littlewood, D. R. Miller:
A Conceptual Model of the Effect of Diverse Methodologies onCoincident Failures in Multi-Version Software.
Proc. 3rd Intern. Conf. Fault-Tolerant Computing Systems,9-11 September 1987, Bremerhaven, FRG, 263-272.

/Littlewood88/
B. Littlewood, T. Anderson:
Reliability Modelling for Fault-Tolerant Software.
Report on a Workshop Held in Badgastein, Austria, July 1986.
In: /Voges88b/, 173-182.

/Migneault82/
G. E. Migneault:
The Cost of Software Fault Tolerance.
Proc. AGARD Symposium on Software for Avionics, CPP-330, The Hague, The Netherlands, 1982, 37.1-37.8.

/Popovic86/
J. R. Popovic, D. C. Chan, D. B. Burjorjee:
Computer Control in Candu Plants.
Symp. on Advanced Nuclear Services, CNA/CNS Intern. Nuclear Conference, Toronto, CDN, 8-11 June, 1986.

/Potier82/
D. Potier, J. L. Albin, R. Ferreol, A. Bilodeau
Experiments with Computer Software Complexity and Reliability.
Proceedings Reliability and Maintainability Symposium 1982, 94-102.

/Ramamoorthy81/
C. V. Ramamoorthy, Y. R. Mok, F. B. Bastani, G. H. Chin, K. Suzuki:
Application of a Methodology for the Development and Validation of Reliable Process Control Software.
IEEE Trans. Software Engineering, SE-7 (Nov. 1981) 6, 537-555.

/Ramamoorthy82/
C. V. Ramamoorthy, F. B. Bastani:
Software Reliability - Status and Perspectives.
IEEE Trans. Software Engineering, SE-8 (July 1982) 4, 354-371.

/Randell75/
B. Randell:
System Structure for Software Fault Tolerance.
IEEE Trans. Software Engineering, SE-1 (1975) 220-232.

/Rouquet86/
J. C. Rouquet, P. J. Traverse:
Safe and Reliable Computing on Board the Airbus and ATR Aircraft.
Proc. IFAC Workshop Safecomp'86, 14-17 October 1986, Sarlat, F, 93-97.

/Scott87/
R. K. Scott, J. W. Gault, D.- F. McAllister:
Fault-Tolerant Software Reliability Modeling.
IEEE Trans. Software Engineering SE-13 (May 1987) 5, 582-592.

/So79/
H. So, C. Nam, H. Reeves, T. Albert, E. Straker, S. Saib, A. B. Long:
Experience with a Specification Language in the Dual Development of Safety System Software.
Proc. IFAC Workshop Safecomp'79, Stuttgart, 16-18 May 1979, 161-167.

/Soneriu81/
M. D. Soneriu:
A Methodology for the Design and Analysis of Fault-Tolerant Operating Systems.
PhD Dissertation, Illinois Institute of Technology, Chicago, IL, USA, May 1981.

/Sterner78/
B. Sterner:
Computerised interlocking system - a multidimensional structure in the pursuit of safety.
IMechE 29 (Nov./Dec.1978) 29-30.

/Traverse88/
P. Traverse:
Airbus and ATR System Architecture and Specification.
In: /Voges88b/, 95-104.

/Tso86/
K. S. Tso, A. Avizienis, J. P. J. Kelly:
Error Recovery in Multi-Version Software.
Proc. SAFECOMP'86, Sarlat, F, 14-17 October 1986, 35-41.

/Voges82/
U. Voges, F. Fetsch, L. Gmeiner:
Use of Microprocessors in a Safety-Oriented Reactor Shut-Down System.
Proc. EUROCON´82, Lyngby, DK, 14-18 June 1982, 493-497.

/Voges85a/
U. Voges, J. R. Taylor:
Systematic Testing.
In: W. J. Quirk (Ed.): Verification and Validation of Real-Time Software,
Springer-Verlag Berlin 1985, 115-146.

/Voges85b/
U. Voges:
Application of a Fault-Tolerant Microprocessor-Based Core Surveillance System in a
German Fast Breeder Reactor.
EPRI-Seminar 'Power Plant Digital Control and Fault-Tolerant   Microcomputers,
Scottsdale, AZ, 9-12 April1985.

/Voges88a/
U. Voges:
Use of Diversity in Experimental Reactor Safety Systems.
In: /Voges88b/, 29-49.

/Voges88b/
U. Voges (Hrsg.):
Software Diversity in Computerized Control Systems.
Springer-Verlag Wien 1988.

/Wei 81/
A. Y.-W. Wei:
Real-Time Programming with Fault Tolerance.
PhD Disseration, University of Illinois, Urbana-Champaign, IL, USA,
1981.

/Williams83/
J. F. Williams, L. J. Yount, J. B. Flannigan:
Advanced Autopilot-Flight Director System Computer Architecture for
Boeing 737-300 Aircraft.
5th Digital Avionics Systems Conference, Seattle, Wa, 30 October - 3 November 1983.

/Wright86/
N. C. J. Wright:
Dissimilar Software.
IFIP-WG10.4 Workshop 'Design Diversity in Action', Baden, A, 29-30 June 1986.

/Yount84/
L. J. Yount:
Architectural Solutions to Safety Problems of Digital Flight-Critical Systems for
Commercial Transports.
Proc. of the AIAA/IEEE 6th Digital Avionics Systems Conf., Baltimore, MD,
3-6 December 1984, 28-35.

/Yount85/
L. J. Yount, K. A. Liebel, B. H. Hill
Fault Effect Protection and Partitioning for Fly-by-Wire/Fly-by-Light Avionics Systems.
Proc. AIAA/ACM/NASA/IEEE Computers in Aerospace V Conference, Long Beach, CA, October 1985, 275-284.

Abkürzungen und Definitionen

a_i — relativer Anteil der linear diversitätsabhängigen Kosten in der Entwicklungsphase i

c_A — Anteil der Einzelfehler in Variante A

c_{AB} — Anteil der (Doppel-)Fehler in Variante A, die auch in Variante B sind

c_{ABC} — Anteil der (Dreifach-)Fehler in Variante A, die auch in Variante B und Variante C sind

$C_i, i \in \mathbf{N}$ — relativer Anteil der Fehler in einer Variante, die in genau i Varianten identisch sind

$d(i)$ — Diversitätsfaktor, der den Anteil der unterschiedlichen Fehler in der Variante i, verglichen mit (einer) anderen Varianten, angibt

d_i — relativer Anteil der Kosten in der Entwicklungsphase i, die weder linear diversitätsabhängig noch diversitätsunabhängig sind

D_i — Zusatzkosten in der Entwicklungsphase i, die ohne Diversität nicht auftreten

F_i — Menge der Fehler, die in der Entwicklungsphase i gemacht werden

$F_{i,j}$ — Menge der Fehler, die in der Entwicklungsphase i gemacht werden und ihren Ursprung in der Phase j haben (falls Phase i nach Phase j) bzw. die Menge der Fehler, die in der Phase i gemacht und in der Phase j entdeckt wurden (falls Phase i vor Phase j)

FA — Menge der Fehler, die sich auswirken

FB — Menge der beseitigten Fehler

F_i — Anzahl der Fehler in der Menge F_i

FA_{TMR} — Anzahl der Fehler, die sich im TMR-System auswirken

FD_{NMR,n_D} — Anzahl der unterschiedlichen Fehler im NMR-System mit n-facher Diversität

K_i — Kosten in der Entwicklungsphase i ohne Diversität

KD_i — Kosten in der Entwicklungsphase i mit Diversität

n_i — Anzahl der diversitären Realisierungen in der Phase i

NMR — N-modulare Redundanz

NVP — N-Versionen Programmierung

RB — Rücksetz-Block

$r_d (V_i, V_j)$ — Diversitäts-Relation

TMR — Dreifach-modulare Redundanz (Triple modular redundancy)

$a \in M$ — a ist Element von M

$a \notin M$ — a ist kein Element von M

$M \supset N$ — M ist Obermenge von N, N ist Untermenge von M

$M \cap N$ — Schnittmenge von M und N; alle Elemente, die sowohl in M als auch in N sind

$M \cup N$ — Vereinigungsmenge von M und N; alle Elemente, die in M oder in N sind (nicht-ausschließendes oder)

$M \setminus N$ — Differenzmenge von M und N; alle Elemente von M, die nicht in N sind (M ohne N)

$|M|$ — Mächtigkeit von M, Anzahl der Elemente in M

Formeln

$$F_{SW} = F_S \cup F_E \cup F_C \cup F_T \cup F_B \tag{5.1}$$

$$F_S = F_{S,S} \tag{5.2}$$

$$F_E = F_{E,E} \cup F_{E,S} \tag{5.3}$$

$$F_C = F_{C,C} \cup F_{C,E} \cup F_{C,S} \tag{5.4}$$

$$F_T = F_{T,T} \cup F_{T,C} \cup F_{T,E} \cup F_{T,S} \tag{5.5}$$

$$F_B = F_{B,B} \cup F_{B,T} \cup F_{B,C} \cup F_{B,E} \cup F_{B,S} \tag{5.6}$$

$$
\begin{aligned}
F_{SW} &= F_S \cup F_E \cup F_C \cup F_T \cup F_B \\
&= F_{S,S} \cup F_{E,E} \cup F_{E,S} \cup F_{C,C} \cup F_{C,E} \cup F_{C,S} \\
&\quad \cup F_{T,T} \cup F_{T,C} \cup F_{T,E} \cup F_{T,S} \\
&\quad \cup F_{B,B} \cup F_{B,T} \cup F_{B,C} \cup F_{B,E} \cup F_{B,S}
\end{aligned}
\tag{5.7}
$$

$$F_{Strang} = F_{SW} \cup F_{WZ} \cup F_{BS} \cup F_{HW} \tag{5.8}$$

$$F_{HW} = F_{HW,t} \cup F_{HW,c} \tag{5.9}$$

$$
\begin{aligned}
F_{SW} = {}&((((\, F_S \setminus F_{S,E}\,) \setminus F_{S,C}\,) \setminus F_{S,T}\,) \setminus F_{S,B}\,) \\
&\cup (((\, F_E \setminus F_{E,C}\,) \setminus F_{E,T}\,) \setminus F_{E,B}\,) \\
&\cup ((\, F_C \setminus F_{C,T}\,) \setminus F_{C,B}\,) \\
&\cup (\, F_T \setminus F_{T,B}\,)
\end{aligned}
\tag{5.10}
$$

$$F_{TMR,3\_H} = 3 * |F_{Strang}| \tag{6.1}$$

$$FA_{TMR,3\_H} = F_{Strang} \tag{6.2}$$

$$F_{TMR,3\_D} = |F_{Strang}(A)| + |F_{Strang}(B)| + |F_{Strang}(C)| \approx 3 * |F_{Strang}| \tag{6.3}$$

$$
\begin{aligned}
F_{Strang}(A) = {}&[\, F_{Strang}(A) \setminus F_{Strang}(B) \setminus F_{Strang}(C)\,] \\
&\cup [((\, F_{Strang}(A) \cap F_{Strang}(B)\,) \setminus F_{Strang}(C)\,) \\
&\quad \cup (\, F_{Strang}(A) \cap F_{Strang}(C)\,) \setminus F_{Strang}(B)\,] \\
&\cup [\, F_{Strang}(A) \cap F_{Strang}(B) \cap F_{Strang}(C)\,]
\end{aligned}
\tag{6.4}
$$

$$c_A = (\, |\, F_{Strang}(A) \setminus F_{Strang}(B) \setminus F_{Strang}(C)\, |\,) \,/\, |\, F_{Strang}(A)\, | \tag{6.5}$$

$$c_{AB} = (\, | \, (\, F_{Strang}(A) \cap F_{Strang}(B) \,) \setminus F_{Strang}(C) \, | \,) \, / \, | \, F_{Strang}(A) \, | \qquad (6.6)$$

$$c_{AC} = (\, | \, (\, F_{Strang}(A) \cap F_{Strang}(C) \,) \setminus F_{Strang}(B) \, | \,) \, / \, | \, F_{Strang}(A) \, | \qquad (6.7)$$

$$c_{ABC} = (\, | \, F_{Strang}(A) \cap F_{Strang}(B) \cap F_{Strang}(C) \, | \,) \, / \, | \, F_{Strang}(A) \, | \qquad (6.8)$$

$$FA_{TMR,3\_D} = (c_{AB}+c_{BC}+c_{AC}+c_{ABC}) \, * \, F_{Strang} = c \, * \, F_{Strang} \qquad (6.9)$$

$$c_{AB} + c_{AC} + c_{ABC} < 0{,}5 \qquad und \qquad c_A > 0{,}5 \qquad (6.10a)$$

$$c_{AB} + c_{BC} + c_{ABC} < 0{,}5 \qquad und \qquad c_B > 0{,}5 \qquad (6.10b)$$

$$c_{BC} + c_{AC} + c_{ABC} < 0{,}5 \qquad und \qquad c_C > 0{,}5 \qquad (6.10c)$$

$$c = c_{AB} + c_{BC} + c_{AC} + c_{ABC} < 1 \qquad (6.11)$$

$$FD_{NMR,n\_D} = \sum_{i=1}^{n} \binom{n}{i} \, * \, \frac{1}{i} \, * \, C_i \, * \, F_{Strang} \qquad (6.12)$$

$$FA_{NMR,n\_D} = \sum_{i=k}^{n} \binom{n}{i} \, * \, \frac{1}{i} \, * \, C_i \, * \, F_{Strang} \qquad (6.13)$$

$$mit \qquad k = \frac{n}{2} \qquad \text{falls n geradzahlig}$$

$$k = \frac{(n+1)}{2} \qquad \text{falls n ungeradzahlig}$$

$$FD_n = F_{Strang}(PV(1)) + \sum_{i=2}^{n} d(i) \, * \, F_{Strang}(PV(i)) \qquad (6.14)$$

$$mit \qquad 0 \leq d(i) \leq 1$$

$$r_d \, (V_1, V_2) = 1 - P[(f_a \in V_1) \Leftrightarrow (f_a \in V_2)] \qquad (6.15)$$

$$FB = \cup_i \, TV_i \, (F_{Strang}) \qquad (6.16)$$

$$F'_{Strang} = F_{Strang} \setminus FB = F_{Strang} \setminus \cup_i TV_i \, (F_{Strang}) \qquad (6.17)$$

$$K_{SW} = \sum_{i \in \mathbf{P}} K_i \tag{7.1}$$

$$KD_{SW} = \sum_{i \in \mathbf{P}} KD_i \tag{7.2}$$

$$KD_i = K_i \tag{7.3}$$

$$KD_i = n * K_i \tag{7.4}$$

$$K_i < KD_i < n * K_i \tag{7.5}$$

$$KD_i < K_i \tag{7.6}$$

$$KD_i > n * K_i \tag{7.7}$$

$$KD_{SW} = KD_S + KD_E + KD_C + KD_T + KD_B \tag{7.8}$$

$$KD_S = (1-a_S) * K_S + n_S * a_S * K_S \tag{7.9}$$

$$KD_E = (1-a_E) * K_E + n_E * a_E * K_E \tag{7.10}$$

$$KD_C = (1-a_C) * K_C + n_C * a_C * K_C \tag{7.11}$$

$$KD_T = (1-a_T) * K_T + n_C * a_T * K_T \tag{7.12}$$

$$KD_B = (1-a_B) * K_B + n_C * a_B * K_B \tag{7.13}$$

$$KD_i = (1-a_i-d_i) * K_i + f_i(n_i) * d_i * K_i + n_i * a_i * K_i + g_i(n_i) * D_i \tag{7.14}$$

$$K_T' = (1-r_T) * K_T \quad (0 < r_T < 1) \tag{7.15}$$

$$KD_T = (1-a_T) * K_T + n_C * a_T * K_T - K_{TK} \tag{7.12'}$$

$$\text{mit} \quad K_{TK} = r_T * (1-a_T+n_C*a_T) * K_T$$

$$KD_T = (1-a_T-d_T) * K_T + f_T(n_C) * d_T * K_T + n_C * a_T * K_T \tag{7.12''}$$

$$KD_S = (1-a_S-d_S) * K_S + f_S(n_S) * d_S * K_S + n_S * a_S * K_S$$
$$+ g_S(n_S) * D_S \tag{7.16}$$

$$KD_E = (1-a_E-d_E) * K_E + f_E(n_E) * d_E * K_E + n_E * a_E * K_E$$
$$+ g_E(n_E) * D_E \qquad (7.17)$$

$$KD_C = (1-a_C-d_C) * K_C + f_C(n_C) * d_C * K_C + n_C * a_C * K_C + g_C(n_C) * D_C \qquad (7.18)$$

$$KD_T = (1-a_T-d_T) * K_T + f_T(n_C) * d_T * K_T + n_C * a_T * K_T$$
$$+ g_T(n_C) * D_T \qquad (7.19)$$

$$KD_B = (1-a_B-d_B) * K_B + f_B(n_C) * d_B * K_B + n_C * a_B * K_B$$
$$+ g_B(n_C) * D_B \qquad (7.20)$$

Verzeichnis der Abbildungen

Anhang: Bibliographie

Die erste Version dieser Bibliographie ist in /Voges88b/ erschienen. Die hier wiedergegebene Version ist eine verbesserte und um neue Arbeiten wesentlich erweiterte Bibliographie zum Thema Software-Diversität. In ihr sind alle dem Autor bekannten Veröffentlichungen, die in der einen oder anderen Weise Bezug auf Software-Diversität nehmen, enthalten, zum Teil mit einer Kurzfassung des diversitätsbezogenen Inhalts.

1. J. M. Adams, "On the Practicality of Software Redundancy," in *Proc. 20th Hawaii Intern. Conf. on System Sciences*, Vol. 2, pp. 31-40, Kailua-Kona, HI, USA, 6-9 January 1987.

Software diversity is achieved through procedural and nonprocedural versions of the same program, with consistency checks between the versions. The advantages and the problems with this approach are discussed.

2. P. E. Ammann and J. C. Knight, "Data Diversity: An Approach to Software Fault Tolerance," in *Proc. 17th Intern. Symp. on Fault-Tolerant Computing FTCS'17*, pp. 122-126, Pittsburgh, PA, USA, 6-8 July 1987.

3. P. E. Ammann and J. C. Knight, "Data Diversity: An Approach to Software Fault Tolerance," *IEEE Trans. on Computers*, Vol. 37, No. 4, pp. 418-425, April 1988.

Instead of designing different programs, the development of a re-expression algorithm for the input data is proposed. This concept is based on the assumption that failure regions of programs are small and irregular in shape, therefore small changes in the data can result in leaving the failure region. This technique is explained with recovery blocks (retry blocks) and N-version programming (N-copy programming), and experimental data are given.

4. M. Ancona, A. Clematis, G. Dodero, E. B. Fernandez, and V. Gianuzzi, "A System Architecture for Software Fault Tolerance," in *Proc. 3rd Intern. Conf. Fault-Tolerant Computing Systems*, Vol. IFB 147, pp. 273-283, Bremerhaven, Germany, 9-11 September 1987.

5. T. Anderson and R. Kerr, "Recovery Blocks in Action: A System Supporting High Reliability," in *Proc. 2nd Intern. Conf. on Software Engineering*, pp. 447-457, San Francisco, CA, USA, 13-15 October 1976.

A brief account is presented of the recovery block scheme, together with a description of a new implementation of the underlying cache mechanism. A prototype system has been constructed to test the viability of these techniques by executing programs containing recovery blocks on an emulator for the proposed architecture.

6. T. Anderson and P. A. Lee, *Fault Tolerance: Principles and Practice,* Prentice Hall, Englewood Cliffs, NJ, USA, 1981.

This book is a basic introduction into the area of fault tolerance. It introduces different techniques, including the recovery block approach.

7. T. Anderson and J. C. Knight, "A Framework for Software Fault Tolerance in Real-Time Systems," *IEEE Trans. on Software Engineering*, Vol. SE-9, No. 3, pp. 355-364, May 1983.

A classification scheme for errors and a technique for the provision of software fault tolerance in cyclic real-time systems is presented. This technique is useful for application with the recovery block technique.

8. T. Anderson, "Can Design Faults be Tolerated?," in *Proc. 2nd GI/NTG/GMR-Fachtagung Fehlertolerierende Rechensysteme*, Vol. IFB 84, pp. 426-433, Bonn, Germany, 19-21 September 1984.

9. T. Anderson, "Fault Tolerant Computing," in *Resilient Computing Systems*, Ed. T. Anderson, Collins, London, 1985.

10. T. Anderson, D. N. Halliwell, P. A. Barrett, and M. R. Moulding, "An Evaluation of Software Fault Tolerance in a Practical System," in *Proc. 15th Intern. Symp. on Fault-Tolerant Computing FTCS'15*, pp. 140-145, Ann Arbor, MI, USA, 19-21 June 1985.

Description of an experiment with recovery blocks which demonstrated the increase of reliability through the use of this technique.

11. T. Anderson, P. A. Barrett, D. N. Halliwell, and M. R. Moulding, "Software Fault Tolerance: An Evaluation," *IEEE Trans. on Software Engineering*, Vol. SE-11, No. 12, pp. 1502-1510, December 1985.

This paper describes an experiment at the University of Newcastle upon Tyne with recovery blocks as software fault tolerance technique. The problem was a naval command and control system, a real-time system. The results of the experiment show that a reliability improvement of about 75% could be achieved.

12. T. Anderson, "A Structured Decision Mechanism for Diverse Software," in *Proc. 5th Symposium on Reliability in Distributed Software and Database Systems*, pp. 125-129, Los Angeles, CA, USA, 13-15 January 1986.

Description of a decision mechanism which can be used as well for n-version programming as well as for recovery blocks. Different strategies for a filter and an arbiter are explained, having different application areas.

13. T. Anderson, "Design fault tolerance in practical systems," in *Software Reliability: Achievement and Assessment*, Ed. B. Littlewood, pp. 44-55, Blackwell Sci. Publications, Oxford, UK, 1987.

The use of fault avoidance, fault removal and fault tolerance to achieve reliability are explained. The benefits of the design fault tolerance technique are presented.

14. T. Anderson, P. A. Barrett, D. N. Halliwell, and M. R. Moulding, "Tolerating Software Design Faults in a Command and Control System," in *Software Diversity in Computerized Control Systems*, Ed. U. Voges, pp. 109-128, Springer-Verlag Wien, 1988.

Description of an experiment with recovery blocks.

15. H. S. Andersson and G. Hagelin, "Computer Controlled Interlocking System," *Ericsson Review*, No. 2, pp. 74-80, 1981.

The interlocking system of LM Ericsson is described, which is installed in Gothenburg and Malmö, Sweden. It incorporates two independently developed programs, which run in the same computer, leading to a fail-safe action in case of differences. (Compare Hagelin 1988.)

16. J. Arlat, "Design of a Microcomputer Tolerating Faults Through Functional Diversity," Dr. Eng. dissertation (in French), National Polytechnic Institute, Toulouse, F, April 1979.

Design of a system with two diverse microprocessors, a monolithic microprocessor (TMS 9900) and its emulation at the instruction set level by a bit-slice microprocessor (AMD 2900 series) for detecting similar errors and tolerating externally induced transient faults.

17. J. Arlat, K. Kanoun, and J.-C. Laprie, "Dependability Evaluation of Software Fault-Tolerance," in *Proc. 18th Intern. Symp. on Fault-Tolerant Computing FTCS'18*, pp. 142-147, Tokyo, Japan, 27-30 June 1988.

The modeling and evaluation of the dependability of software diversity structures is presented.

18. A. Avižienis, "Fault-Tolerance and Fault-Intolerance: Complementary Approaches to Reliable Computing," in *Proc. Intern. Conf. on Reliable Software*, pp. 458-464, Los Angeles, CA, USA, 21-23 April 1975.

Fault tolerance and fault intolerance in the system design - hardware as well as software - are compared with each other. Fault tolerance can be achieved by hardware redundancy, software redundancy and time redundancy. The use of redundant programming with parallel or sequential execution and a comparison is proposed in analogy to the commonly known and applied hardware redundancy.

19. A. Avižienis, "Fault-Tolerant Computing - Progress, Problems, and Prospects," in *Proc. IFIP Information Processing 77*, pp. 405-420, Toronto, Canada, August 1977.

This paper presents an integrated view of three main aspects of fault tolerance: pathology of faults, implementation of tolerance, and analysis of fault tolerant designs. Several current obstacles to a wider acceptance of fault tolerance in system design are identified, and some directions for the advancement of the understanding and use of fault tolerance, including software diversity, are suggested.

20. A. Avižienis and L. Chen, "On the Implementation of N-Version Programming for Software Fault-Tolerance During Program Execution," in *Proc. COMPSAC'77*, pp. 149-155, Chicago, IL, USA, November 1977.

A pilot experiment in N-version programming is described and an evolving methodology for this form of programming is outlined. 27 independent versions of a program were implemented, and evaluations on 3-version systems were made.

21. A. Avižienis, "Fault Tolerance: The Survival Attribute of Digital Systems," *Proc. IEEE*, Vol. 66, No. 10, pp. 1109-1125, October 1978.

22. A. Avižienis, "Design Diversity - The Challenge for the Eighties," in *Proc. 12th Intern. Symp. on Fault-Tolerant Computing FTCS'12*, pp. 44-45, Santa Monica, CA, USA, June 1982.

23. A. Avižienis, "Design Diversity: An Approach to Fault Tolerance of Design Faults," in *AFIPS Vol. 53, National Computer Conference*, 1984.

24. A. Avižienis and J. P. J. Kelly, "Fault-Tolerance by Design Diversity: Concepts and Experiments," *IEEE Computer*, Vol. 17, No. 8, pp. 67-80, August 1984.

25. A. Avižienis, P. Gunningberg, J. P. J. Kelly, R. T. Lyu, L. Strigini, P. J. Traverse, K. S. Tso, and U. Voges, "Software Fault-Tolerance by Design Diversity; DEDIX: A Tool for Experiments," in *Proc. IFAC Workshop SAFECOMP'85*, pp. 173-178, Como, Italy, 1-3 October 1985.

(Compare Avižienis et al 1988.)

26. A. Avižienis, P. Gunningberg, J. P. J. Kelly, L. Strigini, P. J. Traverse, K. S. Tso, and U. Voges, "The UCLA DEDIX System: A Distributed Testbed for Multiple-Version Software," in *Proc. 15th Intern. Symp. on Fault-Tolerant Computing FTCS'15*, pp. 126-134, Ann Arbor, MI, USA, 19-21 June 1985.

(Compare Avižienis et al 1988.)

27. A. Avižienis, "The N-Version Approach to Fault-Tolerant Software," *IEEE Trans. Software Engineering*, Vol. SE-11, No. 12, pp. 1491-1501, December 1985.

The reasons for N-version programming, its history at UCLA, and the results achieved are explained. The DEDIX system, a distributed supervisor and testbed for N-version software, is described (50 ref.). (Compare Avižienis et al 1988.)

28. A. Avižienis and J.-C. Laprie, "Dependable Computing: From Concepts to Design Diversity," *IEEE Proceedings*, Vol. 74, No. 5, pp. 629-638, May 1986.

Description of a conceptual framework for expressing the attributes of what constitutes dependable and reliable computing and of the use of design diversity to cope with design faults in hardware and software.

29. A. Avižienis and D. A. Rennels, "The Evolution of Fault Tolerant Computing at the Jet Propulsion Laboratory and at UCLA: 1955 - 1986," in *The Evolution of Fault-Tolerant Computing*, Ed. A. Avižienis, H. Kopetz, and J.-C. Laprie, pp. 141-191, Springer-Verlag Wien New York, 1987.

Includes the history of N-version programming at UCLA.

30. A. Avižienis, M. Lyu, W. Schütz, K.-S. Tso, and U. Voges, "DEDIX87 - a Supervisory System for Design Diversity Experiments at UCLA," CSD-870029, Los Angeles, USA, July 1987.

Draft for publication in Springer-book.

31. A. Avižienis, M. R. Lyu, and W. Schütz, "In Search of Effective Diversity: A Six-Language Study of Fault-Tolerant Flight Control Software," UCLA CSD-870060, University of California, Los Angeles, Nov. 1987.

Extended draft of the publication at FTCS'18.

32. A. Avižienis, M. R. T. Lyu, W. Schütz, K.-S. Tso, and U. Voges, "DEDIX87 - A Supervisory System for Design Diversity Experiments at UCLA," in *Software Diversity in Computerized Control Systems*, Ed. U. Voges, pp. 129-168, Springer-Verlag Wien, 1988.

Description of a system aiding in the execution of multiple versions, incorporating a voting mechanism and synchronization.

33. A. Avižienis, M. R. Lyu, and W. Schütz, "In Search of Effective Diversity: A Six-Language Study of Fault-Tolerant Flight Control Software," in *Proc. 18th Intern. Symp. on Fault-Tolerant Computing FTCS'18*, pp. 15-22, Tokyo, Japan, 27-30 June 1988.

34. A. Avižienis, "Software Fault Tolerance," in *IFIP Congress'89*, San Francisco, CA, USA, 28 August - 1 September 1989.

The principal models, specification, building, evaluation, and system integration of fault-tolerant software are discussed, and goals for future work are suggested. (66 refs.)

35. F. Belli and P. Jedrzejowicz, "Fault-tolerant programs," *Angewandte Informatik*, Vol. 30, No. 12, pp. 533-538, December 1988.

A uniform representation for different fault tolerance techniques and their related fault-tree diagrams are given. (Fault trees neglect majority rules and errors in the testing segments.)

36. B. Bhargava, "Software Reliability in Real-Time Systems," in *Proc. National Computer Conference*, pp. 297-309, Chicago, 1981.

The use of the recovery block technique within an enroute air traffic control system is discussed. The architecture of the recovery block scheme, the design and reliability of primary, alternates and acceptance tests as well as the relation between cost and reliability are studied. Results from a simulation study are described (14 ref.).

37. P. Bishop, D. Esp, M. Barnes, P. Humphreys, G. Dahll, J. Lahti, and S. Yoshimura, "Project on Diverse Software - An Experiment in Software Reliability," in *Proc. IFAC Workshop SAFECOMP'85*, pp. 153-158, Como, Italy, 1-3 October 1985.

An international experiment which makes use of software diversity is described.

38. P. G. Bishop, D. G. Esp, M. Barnes, P. Humphreys, G. Dahll, and J. Lahti, "PODS - A Project on Diverse Software ," *IEEE Trans. on Software Engineering*, Vol. SE-12, No. 9, pp. 929-940, September 1986.

39. P. G. Bishop, D. G. Esp, F. D. Pullen, M. Barnes, P. Humphreys, G. Dahll, B. Bjarland, J. Lahti, and H. Valisuo, "STEM - A Project on Software Test and Evaluation Methods," in *Proc. "Achieving Safety and Reliability with Computer Systems", SARSS'87*, pp. 100-117, Altrincham. UK, 11-12 November 1987.

In continuation of the PODS experiment (compare Bishop 1985, Bishop 1986, Bishop 1988), a further analysis on fault detection, fault prediction and failure estimation was conducted.

40. P. G. Bishop, "The PODS Diversity Experiment," in *Software Diversity in Computerized Control Systems*, Ed. U. Voges, pp. 51-84, Springer-Verlag Wien, 1988.

Description of a three countries experiment with software diversity.

41. P. G. Bishop and F. D. Pullen, "PODS Revisited - A Study of Software Failure Behaviour," in *Proc. 18th Intern. Symp. on Fault-Tolerant Computing FTCS'18*, pp. 2-8, Tokyo, Japan, 27-30 June 1988.

42. P. G. Bishop and F. D. Pullen, "Probabilistic Modelling of Software Failure Characteristics," in *Proc. Safety of Computer Control Systems, SAFECOMP'88*, pp. 87-93, Fulda, FRG, 9-11 November 1988.

This paper describes an empirical study of the faiure characteristics of software defects detected in the programs developed in the Project on Diverse Software (PODS).

43. P. G. Bishop and F. D. Pullen, "Failure Masking: a Source of Failure Dependency in Multi-Version Programs," in *Intern. Working Conf. Dependable Computing for Critical Applications*, Springer-Verlag Wien, Santa Barbara, CA, USA, 23-25 August 1989.

44. J. P. Black, D. J. Taylor, and D. E. Morgan, "A Case Study in Fault Tolerant Software," *Software - Practice and Experience*, Vol. 11, pp. 145-157, 1981.

45. A. Bradley, "Safety Assessment Methods for new AGR Fuel Route Control Systems," in *Proc. PES 3 Programmable Electronics Systems Safety Symposium "Safety and Reliability of Programmable Electronic Systems"*, pp. 152-163, Elsevier Applied Science Publishers, Guernsey, UK, 28-30 May 1986.

The fuelling machine control system for the AGR is described and the methods used in a safety assessment of the system. These methods include hazard definition, risk allocation, treatment of random and common cause hardware failures and software reliability. Diverse software is used in the two independent channels.

46. K. Bridgewater, J. L. Gersting, and D. Roberts, "New Conditions for N-Version Programming," in *Proc. 21st Annual Hawaii International Conference on System Sciences HICSS-21*, pp. 605-611, Honolulu, HI, USA, 5-8 January 1988.

An experiment with N-version Programming is described, in which 7 versions were executed in 3-version systems. The individual average failure probability was 0.4725, while the average failure probability of the 3-version systems was 0.3791. This demonstrates a 20% improvement even for these programs with low reliability. This result is better than predicted by the theoretical expression assuming independent failure. In addition, the time overhead for this 3-version configuration was evaluated.

47. S. S. Brilliant, J. C. Knight, and N. G. Leveson, "Analysis of Faults in an N-Version Software Experiment," TR-86-20, University of Virginia, September 1986.

48. S. S. Brilliant, J. C. Knight, and N. G. Leveson, "The Consistent Comparison Problem in N-Version Software," *ACM Sigsoft SEN*, Vol. 12, No. 1, pp. 29-34, January 1987.

The problem of comparison of the results in an N-version system is explained, which exists not only due to software errors, but also with correct versions due to rounding errors, algorithmic differences in the versions etc. Some possible solutions are presented, but no general applicable solution can be given (10 ref.).

49. J. E. Brunelle and D. E. Eckhardt, "Fault-Tolerant Software: Experiment with the SIFT Operating System," in *Proc. AIAA/ACM/NASA/IEEE Computers in Aerospace V Conf.*, pp. 355-360, Long Beach, CA, USA, 21-23 October 1985.

The N-version programming and recovery block techniques were implemented on a portion of the SIFT operating system. The results indicate that, to effectively implement fault-tolerant software design techniques, system requirements will be impacted and suggest that retrofitting fault-tolerant software on existing designs will be inefficient and may require system modification.

50. A. K. Caglayan and D. E. Eckhardt, "Systems Approach to Software Fault Tolerance," in *Proc. AIAA/ACM/NASA/IEEE Computers in Aerospace V Conference*, pp. 361-369, Long Beach, CA, USA, 21-23 October 1985.

The issues involved in applying fault-tolerant techniques to flight software are discussed. The problem of software and system instability and the effect of fault-tolerant software on it are explained. The use of recovery blocks and of N-version programming is analyzed (16 ref.).

51. A. K. Caglayan and P. R. Lorczak, "An Experimental Investigation of Software Diversity in a Fault-Tolerant Avionics Application," in *Proc. Seventh Symposium on Reliable Distributed Systems*, pp. 63-70, Columbus, OH, USA, 10-12 Oct. 1988.

Description of an experiment involving three diverse algorithms for hardware fault-tolerant sensors.

52. R. H. Campbell, T. Anderson, and B. Randell, "Practical Fault Tolerant Software for Asynchronous Systems," Proc. IFAC Safecomp'83, pp. 59-65, Cambridge, UK, 20-22 September 1983.

The use of exception handling in atomic actions and the use of recovery blocks are discussed.

53. S. D. Cha, "A Recovery Block Model and its Analysis," in *Proc. IFAC Workshop Safety of Computer Control Systems 1986 (SAFECOMP'86)*, pp. 21-26, Sarlat, France, 14-17 October 1986.

54. S. D. Cha, N. G. Leveson, T. J. Shimeall, and J. C. Knight, "An Empirical Study of Software Error Detection Using Self-Checks," in *Proc. Fault Tolerant Computing Symposium FTCS'17*, pp. 156-161, Pittsburgh, PA, USA, 6-8 July 1987.

55. A. Cheilan and J.-C. Laprie, "Software Fault Tolerance: Why, How and How Much," in *3rd International Symposium on Aviation and Space Safety*, Toulouse, F, 20-23 September 1988. LAAS Report No. 87077, March 1987

This paper is devoted to software fault tolerance by means of design diversity. First, a rational for software fault tolerance for critical computing systems is presented. Then, a unified presentation of the methods for software fault tolerance is given. Finally, an analysis of software fault tolerance concerning cost and reliability is discussed.

56. L. Chen and A. Avižienis, "N-Version Programming: A Fault-Tolerance Approach to Reliability of Software Operation," in *Proc. 8th Intern. Symp. on Fault-Tolerant Computing FTCS'8*, pp. 3-9, Toulouse, France, 21-23 June 1978.

Introduction to N-version programming and the mechanisms for execution: comparison vector, comparison status indicator, and synchronization mechanism. A possible implementation in PL/1 is given. The problem of inexact voting is discussed. The experiment of N-version programming of a mini text editing system is described.

57. L. Chen, "Improving Software Reliability by N-Version Programming," ENG-7843, UCLA, Computer Science Department, Los Angeles, CA, USA, August 1978.

This thesis introduces the concepts of comparison vector (c-vector), comparison status indicator (cs-vector), cross-check points (cc-points) and the comparison algorithm, including inexact voting. It is the conceptual basis for the DEDIX system (compare Avižienis et al 1985).

58. W. W. Chu, K. H. Kim, and W. C. McDonald, "Testbed-Based Validation of Design Techniques for Reliable Distributed Real-Time Systems," *Proc. IEEE*, No. 5, pp. 649-667, May 1987.

59. D. G. Clews, "Post Certification Aspects of Digital Systems - Pain or Pleasure for the Operator?," in *Proc. Conf. Intern. Federation of Airworthiness*, Singapore, June 1983.

60. J. P. Considine and J. J. Myers, "MARC: MVS Archival Storage and Recovery Program," *IBM Systems Journal*, Vol. 4, pp. 378-397, 1977.

61. A. Csenki, "Recovery Block Reliability Analysis with Failure Clustering," in *Intern. Working Conf. Dependable Computing for Critical Applications*, Springer-Verlag Wien, Santa Barbara, CA, USA, 23-25 August 1989.

62. J. D. Cummins, "Fault Detection Using Inverse Transfer Characteristic Software," in *Proc. IFAC Workshop SAFECOMP'86*, pp. 73-81, Sarlat, France, 14-17 October 1986.

Some general ideas on the theme of the inverse system transfer characteristic for fault detection are investigated. Schemes are described for providing diverse versions of software for fault detection leading to improved fault tolerance for highly reliable safety system software.

63. G. Dahll, U. S. Jorgensen, J. M. Hölsö, and J. Lahti, "Examination of Methods for Production and Testing of Highly Reliable Programmes," in *Enlarged Halden Programme Group Meeting*, Fredrikstad, Norway, 6-9 June 1977.

64. G. Dahll and J. Lahti, "An Investigation of Methods for Production and Verification of Highly Reliable Software," in *Proc. IFAC Workshop SAFECOMP'79*, pp. 89-94, Stuttgart, Germany, 16-18 May 1979.

Description of one of the early experiments with software diversity. As an example a part of a reactor safety system was implemented by two independent teams in two different languages.

65. P. A. Davies, "The Latest Developments in Automatic Train Control," in *Proc. Intern. Conf. on Railway Safety Control and Automation Towards the 21st Century*, pp. 272-279, London, United Kingdom, 25-27 September 1984.

For an automatic train control system to be used in Singapore Mass Rapid Transit Railway, part of the system is realized with two diverse redundant microprocessors having different design objectives and diverse software in order to minimize common mode failures. The design of the total automatic train control system is explained.

66. G. Demars, E. Girard, and J.-C. Rault, "APL in a Two-Step Programming Technique for Developing Complex Programs," in *Proc. APL Congress 73*, pp. 83-90, Copenhagen, Denmark, 22-24 August 1973.

A program is first developed in APL and then coded in Fortran. The two versions are executed and the results from testing are compared for error detection. This is an application of software diversity (dual coding) for testing purposes only.

67. J. E. Dobson and B. Randell, "Building Reliable Secure Computing Systems out of Unreliable Insecure Components," in *Proc. IEEE Symp. Security and Privacy*, pp. 187-193, April 1986.

68. K. H. Dorato, "Fault Tolerant Multi-Version Software: The Problem of Similar Errors," Master Thesis, University of California Los Angeles, 1986.

This thesis is a first evaluation of the 20 versions produced in the four University experiment described in /Kelly et al 1986/. It is based on the analysis of 1.000 test runs and gives several figures for correct and erroneous versions, single as well as TMR-systems. Basic result is a gain in correctness, and a not neglectable number of similar errors.

69. J. R. Dunham, "Software Errors in Experimental Systems Having Ultra-Reliability Requirements," in *Proc. 16th Intern. Symp. on Fault-Tolerant Computing FTCS'16*, pp. 158-164, Wien, Austria, 1-4 July 1986.

70. J. R. Dunham and L. A. Lauterbach, "Reliability Analysis of a Three-Version Software System," in *Proc. COMPSAC'86*, pp. 484-490, Chicago, IL, USA, 8-10 October 1986.

A discussion is presented of the reliability analysis of an experimental three-version software system configured with three alternate decision rules.

71. J. R. Dunham, "Experiments in Software Reliability: Life-Critical Applications," *IEEE Trans. on Software Engineering*, Vol. SE-12, No. 1, pp. 110-123, January 1986.

72. W. R. Dunn, "Software Reliability: Measures and Effects in Flight Critical Digital Avionics Systems," in *Proc. IEEE/AIAA 7th Digital Avionics Systems Conf.*, pp. 664-669, Fort Worth, TX, USA, 13-16 October 1986.

Software reliability and related models are discussed. The use of N-version programming and recovery blocks in flight critical applications for software reliability improvement is mentioned. The problem of remaining common-mode errors is raised.

73. D. E. Eckhardt and L. D. Lee, "An Analysis of the Effects of Coincident Errors on Multi-Version Software," in *Proc. AIAA/ACM/NASA/IEEE Computers in Aerospace V Conference*, pp. 370-373, Long Beach, CA, USA, 21-23 October 1985.

Presentation of the Eckhardt & Lee Model for the effects of coincident errors on N-version software systems. Some estimation models for the expected probability of system failure for an N-version system are given (5 ref.).

74. D. E. Eckhardt and L. D. Lee, "A Theoretical Basis for the Analysis of Multiversion Software Subject to Coincident Errors," *IEEE Trans. on Software Engineering*, Vol. SE-11, No. 12, pp. 1511-1517, December 1985.

Coincident errors are called those errors, which occur jointly in more than one version of a fault-tolerant N-version system. A probabilistic framework for evaluating the influence of coincident errors on a multiversion system is developed. Conditions are given under which the N-version approach is superior to a single version approach. Later papers cite the presented model as the Eckhardt & Lee Model (14 ref.).

75. D. E. Eckhardt and L. D. Lee, "Fundamental Differences in the Reliability of N-Modular Redundancy and N-Version Programming," *Journal of Systems and Software*, Vol. 8, No. 4, pp. 313-318, Sept. 1988.

76. D. E. Eckhardt and L. D. Lee, "Fundamental Differences in the Reliability of N-Modular Redundancy and N-Version Programming," *The Journal of Systems and Software*, Vol. 8, No. 4, pp. 313-318, September 1988.

The related models of hardware N-modular redundancy and software N-version programming are compared, including the independence model and the coincident error model. Different estimators for the failure probability of an N-modular redundant system structure are presented. A decrease in the failure probability for a 3-version system as compared to a 1-version system is suggested by all estimators.

77. W. Ehrenberger and M. Kersken, "Zuverlässigkeit diversitärer Programme auf dem Gebiet der Reaktorsicherheit (Reliability of Diverse Software in Reactor Safety Applications - in German)," GRS-A-533, pp. 27-68, Dezember 1980.

78. W. Ehrenberger and M. Kersken, "Zuverlässigkeitseigenschaften diversitärer Programmsysteme (Reliability of Diverse Programs - in German)," in *Proc. Fachtagung Prozeßrechner 1981*, pp. 230-239, München, Germany, 10-11 March 1981.

A reliability model for diverse systems is presented.

79. W. Ehrenberger, "Safety, Availability, and Cost Questions about Diversity," in *Proc. IFAC Conference on Control in Transportation Systems*, pp. 261-267, Baden-Baden, Germany, April 1983.

80. W. R. Elmendorf, "Fault-Tolerant Programming," in *Proc. 2nd Intern. Symp. on Fault-Tolerant Computing FTCS'2*, pp. 79-83, Newton, MA, USA, 19-21 June 1972.

81. R. S. Fabry, "Dynamic Verification of Operating System Decisions," *Communications of the ACM*, Vol. 16, No. 11, pp. 659-668, November 1973.

Use of different algorithms and different hardware for dynamic verification of user access rights.

82. R. Faller, "Sicherheitsnachweis für rechnergestützte Steuerungen," *Automatisierungstechnische Praxis atp*, Vol. 30, No. 10, pp. 508-516, Oktober 1988.

The development and licensing of safety related software in process application areas is discussed. Besides other methods, the use of software diversity is proposed for applications with high safety requirements.

83. F. Fetsch, L. Gmeiner, and U. Voges, "Entwurf eines hochzuverlässigen redundanten Mikrorechnernetzes (Design of a High Reliable Redundant Microcomputer Network - in German)," in *Proc. GI - 11. Jahrestagung*, pp. 317-326, München, Germany, 20-23 October 1981.

An integrated approach to the design of a safety-related nuclear protection system is described. The use of software diversity as one means to achieve reliable software is discussed. (Compare Voges 1988.)

84. O. Firschein and M. S. Fischler, "Fault Tolerance Hardware and Software Techniques for Communications Multiprocessors," in *Proc. National Electronics Conf.*, Vol. 29, pp. 57-61, 1974.

85. M. A. Fischler and O. Firschein, "A Fault Tolerant Architecture for Real Time Control Applications," in *Proc. 1st Annual Symp. on Computer Architecture*, Florida, USA, December 1973.

86. M. A. Fischler, O. Firschein, and D. L. Drew, "Distinct Software: An Approach to Reliable Computing," in *Proc. Second USA-Japan Computer Conference*, pp. 573-579, 1975.

This paper is an early paper with a fairly complete description of the topics related to software diversity. Distinct software in the sense of software diversity is introduced. The different application areas are mentioned: for system checkout, as standby spare in dynamic redundancy, and as static redundancy. The relation of distinct software to design errors as well as main types of software distinctness are discussed. Results from a first experiment are reported.

87. R. Frullini and A. Lazzari, "Use of Microprocessor in Fail-Safe on Board Equipment," in *Proc. Intern. Conf. on Railway Safety Control and Automation Towards the 21st Century*, pp. 292-299, London, United Kingdom, 25-27 September 1984.

As a fail-safe design criterion, diversity is used in Italian train control systems using microprocessors. Functionally diverse programs are running in sequence, and their results are compared for error detection (1 ref.).

88. J. R. Garman, "The 'Bug' Heard 'Round the World," *ACM Sigsoft SEN*, Vol. 6, No. 5, pp. 3-10, October 1981.

Description of the bug in the software of the space shuttle which caused a delay of the start of the shuttle. It was a synchronization problem between the redundant computer system consisting of four computers and the fifth one, supporting the backup flight software, due to a forgotten synchronization at the very beginning.

89. J. Gayen, "Ein Beitrag zum Thema Diversität in Sicherungseinrichtungen spurgebundener Verkehrssysteme (A Contribution to the Topic Diversity in Safety Systems for Railway Traffic Systems - in German)," *Signal + Draht*, Vol. 75, No. 1/2, pp. 12-15, 1983.

90. W. Geiger, L. Gmeiner, H. Trauboth, and U. Voges, "Program Testing Techniques for Nuclear Reactor Protection Systems," *IEEE Computer*, Vol. 12, No. 8, pp. 10-18, August 1979.

This paper elaborates on different techniques to be used to achieve a reliable system. One of the constructive techniques mentioned is software diversity.

91. D. P. Geller, "Coding in Two Languages Boots Program Reliability," *Electronic Design*, Vol. 31, No. 7, pp. 161-170, March 1983.

92. T. Gilb, "Parallel Programming," *Datamation*, Vol. 20, No. 10, pp. 160-161, October 1974.

An overview of the dual coding technique is given.

93. T. Gilb, "Data Engineering," *Studentlitteratur*, Lund, 1976.

This book contains a seven page description of the dual programming approach. It mentions thirteen applications of this technique in Europe, USA and Australia, but mainly based on private communication. No real quantified data which is usable for further investigation is included. No own experience is mentioned. The value of this technique for on line purposes as well as during development only or for maintenance purposes is explained.

94. T. Gilb, *Software Metrics,* Studentlitteratur, Lund, Sweden, 1976.

The use of dual code as an indirect measuring technique for the reliability and correctness of the software is explained. Its applicability even in larger projects (e. g. 20 KLOC) is demonstrated.

95. E. Girard and J.-C. Rault, "A Programming Technique for Software Reliability," *1st IEEE Symposium on Computer Software Reliability*, pp. 44-50, 1973.

A two step program writing technique is proposed: first a high-level program in APL, and then the final version in Fortran. Both versions are checked against each other, making use of statistical testing techniques. The APL-version is not used for final installation (41 ref.).

96. L. Gmeiner and U. Voges, "Software Diversity in Reactor Protection Systems: An Experiment," in *Proc. IFAC Workshop Safety of Computer Control Systems SAFECOMP'79*, pp. 75-79, Stuttgart, Germany, 16-18 May 1979.

Description of the Karlsruhe experiment with software diversity using different languages. (Compare Voges 1988.)

97. L. Gmeiner and U. Voges, "Experimentelle Untersuchungen zur Software-Diversität (Experimental Evaluation of Software Diversity - in German)," in *KFK-PDV 179*, pp. 126-139, Kernforschungszentrum Karlsruhe, December 1979.

The need for software diversity in order to achieve reliable software is discussed. An experiment with software diversity is described.

98. J. Goldberg, "SIFT: A Provable Fault-Tolerant Computer for Aircraft Flight Control," in *Proc. IFIP Congress Information Processing 80*, pp. 151-156, Tokyo, Japan, 6-9 October 1980.

99. B. A. Golovkin, "Multiversion Programming and its Application," *Autom. & Remote Control*, Vol. 47, No. 7, pp. 877-903, July 1986.

Survey on multiversion programming, including N-version programming and recovery blocks, its theory and some experiments and applications. A classification of fault-tolerant systems is given, based on different types of identical and not identical redundancy.

100. C. J. Goring, "Latent Fault Detection in Fault Tolerant Computer Based Safety and Control Systems," in *Proc. "Achieving Safety and Reliability with Computer Systems"*, *SARSS'87*, pp. 285-293, Altrincham, UK, 11-12 November 1987.

Description of a redundant computer system which can incorporate hardware as well as software diversity.

101. C. J. Goring, "A Practical Approach to Diversity and Redundancy," in *IEE Colloquium on 'Programmable Electronic Systems and Safety - HSE Guidelines'*, Vol. Digest No. 74, pp. 7/1-3, IEE, London, England, 9 June 1987.

Description of a TMR-system which uses hardware diversity and provides tools for software diversity. The system is used for the Space Shuttle re-entry vehicle.

102. T. Grams, "Diversitäre Programmierung: Kein Allheilmittel (Software Diversity: No Cure-All - in German)," *Informationstechnik*, Vol. 28, No. 4, pp. 196-203, 1986.

Software Diversity is no Cure-all. Errors which result from thinking habits have to be avoided in the early design stages.

103. T. Grams, "Biased Programming Faults - How to Overcome them?," in *Proc. 3rd Intern. Conf. Fault-Tolerant Computing Systems*, Vol. IFB 147, pp. 13-23, Bremerhaven, Germany, 9-11 September 1987.

104. S. T. Gregory and J. C. Knight, "A New Linguistic Approach to Backward Error Recovery," in *Proc. 15th Intern. Symp. on Fault-Tolerant Computing FTCS'15*, pp. 404-409, Ann Arbor, MI, USA, 19-21 June 1985.

105. W. Grigulewitsch, K. Meffert, and G. Reuß, "Aufbau elektrischer Maschinensteuerungen mit diversitärer Redundanz (Design of Electrical Machine Control Systems with Diverse Redundancy - in German)," BIA - Report 5/86, 1986.

Machines, which require manual operation, like cutting machines and moulding machines, are equipped with safety devices to protect man. Nowadays, these safety devices are computerized, and they need to be redundant. This report contains findings and experience with diverse redundant systems, gained during the safety technical analysis of those systems.

106. W. Grigulewitsch, K. Meffert, and G. Reuss, "Experiences with the Diverse Redundancy in Programmable Electronic Systems (PES)," in *Proc. PES 3 Programmable Electronic Systems Safety Symposium "Safety and Reliability of Programmable Electronic Systems"*, pp. 176-185, Elsevier Applied Science Publishers, Guernsey, UK, 28-30 May 1986.

A machine control system which uses design diversity in order to achieve the required level of safety is described.

107. A. Grnarov, J. Arlat, and A. Avižienis, "On the Performance of Software Fault-Tolerance Strategies," in *Proc. 10th Intern. Symp. on Fault-Tolerant Computing FTCS'10*, pp. 251-253, Kyoto, Japan, 1-3 October 1980.

This paper presents a comparison of processing time and reliability performance for the recovery block scheme and the n-version programming scheme. The respective models are introduced (9 ref.).

108. A. Grnarov, A. Arlat, and A. Avižienis, "Modeling and Performance of Software Fault Tolerance Strategies," CSD-820608, UCLA Computer Science Dept., Los Angeles, CA, USA, June 1982.

109. K.-E. Großpietsch and U. Voges, "Methoden der Fehlerbehandlung (Methods for Error Handling - in German)," *Informatik-Spektrum*, Vol. 9, No. 2, pp. 95-109, April 1986.

Overview article on different fault tolerance techniques for hardware and for software, including diversity.

110. P. Gunningberg and B. Pehrson, "Specification and Verification of a Synchronization Protocol for Comparison of Results," in *Proc. 15th Intern. Symp. on Fault-Tolerant Computing FTCS'15*, pp. 172-177, Ann Arbor, MI, USA, 19-21 June 1985.

Specification and validation of a protocol, which can be used to synchronize distributed redundant software for an exchange and comparison of results. This protocol was implemented and used in the DEDIX system. (Compare Avižienis et al 1985.)

111. W. Görke, "Fault Tolerant Computing Systems in Germany," in *The Evolution of Fault-Tolerant Computing*, Ed. A. Avižienis, H. Kopetz, J.-C. Laprie, pp. 409-436, Springer-Verlag Wien New York, 1987.

Includes the use of software diversity in Germany.

112. J. P. Hach, "Digitale Elektronik in Verkehrsflugzeugen (Digital Electronic in Airplanes - in German)," in *Proc. DGLR-Symposium "Test und Verifikation von Software bei digitalen Systemen der Luft- und Raumfahrt"*, pp. 35-44, Köln, Germany, 25-26 October 1983.

Description of a system for the A 310 containing two independent channels with the same function, which were programmed by two independent teams using two different languages.

113. G. Hagelin, "Safety Systems for railways," in *Software Reliability: Achievement and Assessment*, Ed. B. Littlewood, pp. 213-218, Blackwell Sci. Publications, Oxford, UK, 1987.

The use of software diversity in electronic systems for railays is explained. Two packages were designed by two independent teams.

114. G. Hagelin, "ERICSSON Safety Systems for Railway Control," in *Software Diversity in Computerized Control Systems*, Ed. U. Voges, pp. 11-21, Springer-Verlag Wien, 1988.

Description of an railway interlocking system and an automatic train control system incorporating diverse software.

115. H. Hecht, "Fault-Tolerant Software for Real-Time Applications," *ACM Computing Surveys*, Vol. 8, No. 4, pp. 391-407, December 1976.

The recovery block technique and its possible application are described. An associated reliability model is presented.

116. H. Hecht, "Fault-Tolerant Software," *IEEE Trans. Reliability*, Vol. R-28, No. 3, pp. 227-232, August 1979.

Includes a discussion of an elementary state transition model for recovery blocks.

117. H. Hecht, "Current Issues in Fault Tolerant Software," in *Proc. COMPSAC'80*, pp. 603-607, Chicago, IL, USA, 1980.

118. H. Hecht and M. Hecht, "Fault-Tolerant Software," in *Fault-tolerant computing. Theory and techniques. Vol. II*, Ed. D. K. Pradhan, pp. 658-696, Prentice-Hall, Englewood Cliffs, NJ, USA, 1986.

The motivation for fault-tolerant software is given. The design of fault-tolerant software using N-version programming and recovery blocks is discussed, and reliability models are presented.

119. G. Heiner, "Introduction to Software Reliability - A Key Issue of Computing Systems Reliability," in *AGARD-CP-261*, pp. 30.1-30.13, April 1979.

120. K. A. Helps, "Some Verification Tools and Methods for Airborne Safety-Critical Software," *Software Eng. J. (GB)*, Vol. 1, No. 6, pp. 248-253, Nov 1986.

121. A. D. Hills, "A 310 Slat and Flap Control System Management and Experience," in *Proc. 5th DASC*, November 1983.

122. A. D. Hills, "Digital Fly-by-Wire Experience," in *Nato AGARD Conf.*, Edmunds AFB, CA, USA, October 1985.

123. A. D. Hills and N. A. Mirza, "Fault Tolerant Avionics," in *Proc. AIAA/IEEE 8th Digital Avionics Systems Conf.*, pp. 407-414, San Jose, CA, USA, 17-20 October 1988.

124. E. F. Hitt and J. J. Webb, "A Fault-Tolerant Software Strategy for Digital Systems," in *Proc. AIAA/IEEE 6th Digital Avionics Systems Conference*, pp. 211-216, Baltimore, MD, USA, 3-6 December 1984.

Fault-tolerant software techniques are discussed, like N-version programming and recovery block. The sources of software faults are described. An assessment of the current state of the art of fault-tolerant software is given, and the necessary research topics are discussed (25 ref.).

125. H. Hofer, "Erfahrungen mit Flight Standard Software (Experience with Flight Standard Software - in German)," in *Proc. DGLR-Symposium "Test und Verifikation von Software bei digitalen Systemen der Luft- und Raumfahrt"*, pp. 219-252, Köln, Germany, 25-26 October 1983.

Development of the A 310 Slat/Flap control system, starting with the system requirements specification, and then having two independent teams using different languages and different processors (Intel 8080 and Motorola 6800).

126. D. J. Holding, "Software Fault Tolerance in Real-Time Systems," in *Proc. IEE Workshop on Parallel Processing and Control - The Transputer and other Architectures*, pp. 9/1-12, Bangor, UK, 4-6 July 1988.

The use of different software fault tolerance techniques - including recovery blocks - for sequential and concurrent real time systems is shown.

127. J. J. Horning, H. C. Lauer, P. M. Melliar-Smith, and B. Randell, "A Program Structure for Error Detection and Recovery," in *Proc. Intern. Symp. on Operating Systems*, pp. 171-187, Rocquencourt, France, 23-25 April 1974.

The recovery block concept is described as a method for structuring programs, including error detection and recovery facilities. The recursive cache is introduced as a mechanism for automatic back-tracking (7 ref.).

128. P. Humphreys, "Diversity by Design-Reliability Aspects of Systems with Embedded Software," in *Software Reliability: Achievement and Assessment*, Ed. B. Littlewood, pp. 96-112, Blackwell Sci. Publications, Oxford, UK, 1987.

129. H. Hölscher and J. Rader, *Mikrocomputer in der Sicherheitstechnik (Microcomputers in Safety-Related Applications - in German)*, TÜV Rheinland, 1984.

This book gives a guideline on how to design and develop safety-related systems with microcomputers. A hierarchy of safety classes is introduced, and associated requirements for the design and the development are given. The use of diversity - hardware as well as software - is required in applications with the highest safety demands. 43 fault avoidance and fault tolerance techniques are briefly described (55 ref.).

130. R. K. Iyer, K. Ravishankar, and P. Velardi, "A Statistical Study of Hardware Related Software Errors in MVS," No. 83-12, Stanford University, Center for Reliable Computing, Stanford, CA, USA, October 1983.

About 11% of all software errors and over 40% of all software failures were found to be hardware related.

131. N. Jack, "Analysis of a Repairable 2-Unit Parallel Redundant System with Dependent Failures," *IEEE Trans. on Rel.*, Vol. R-35, pp. 444-446, October 1986.

Possible use to diverse vs. non-diverse systems.

132. P. R. Jackson and B. A. White, "The Application of Fault Tolerant Techniques to a Real Time System," Proc. IFAC Safecomp'83, pp. 75-82, Cambridge, UK, 20-22 September 1983.

The use of the recovery block technique in a military application is described.

133. M. K. Joseph and A. Avižienis, "A Fault Tolerance Approach to Computer Viruses," in *Proc. IEEE Symp. Security and Privacy*, pp. 52-58, Oakland, CA, USA, 18-20 April 1988.

134. M. K. Joseph, "Architectural Issues in Fault-Tolerant, Secure Computing Systems," Ph.D. Dissertation, UCLA Computer Science Dept., Los Angeles, CA, USA, June 1988.

135. E. J. Joyce, "The Art of Space Software," *Datamation*, Vol. 31, No. 22, pp. 30-34, 15 November 1985.

136. H. Kameda, "The Module Standby Organization: A Scheme for more Reliable Operating Systems," in *Proc. IEEE 3rd Texas Conf. on Computing Systems*, pp. 10-2/1 - 10-2/4, Austin, TX, USA, 1974.

The use of the recovery block technique in operating systems to increase the reliability. A monitor controls the correct execution of the primary modules and transfers control to the redundant modules in case of detected errors.

137. U. M. Kammerer, "Einsatzbedingungen für Mini- und Mikrorechner in Kernkraftwerken (Requirements for the Use of Mini- and Microcomputers in Nuclear Power Stations - in German)," *RWTÜV-Schriftenreihe*, Vol. 22, pp. 46-51, 1983.

138. K. Kant, "Software Fault Tolerance in Real-Time Systems," *Inf. Sci.*, Vol. 42, No. 3, pp. 255-282, August 1987.

The paper proposes a technique using N-version programming for providing software fault tolerance in real-time applications demanding fast response and a high degree of reliability.

139. K. Kapp and R. Daum, "Sicherheit und Zuverlässigkeit von Automatisierungssoftware (Safety and Reliability of Automation Software - in German)," *GI Informatik-Spektrum*, Vol. 2, No. 1, pp. 25-36, Feb. 1979.

Several methods are discussed which can be used to achieve safe and reliable software. As the most promising and also cost effective method total software diversification is described, including different programming languages, different operating systems and different hardware. The problem of common mode errors is considered neglectable.

140. K.-H. Kapp, R. Daum, E. Sartori, and R. Harms, "Sicherheit durch vollständige Diversität (Safety Through Complete Diversity - in German)," in *Proc. Fachtagung Prozeßrechner 1981*, pp. 216-229, München, Germany, 10-11 March 1981.

Description of theoretical concepts and a design for a train control system using hardware as well as software diversity. This was only an experimental system. Concurrent Pascal and Modula 1 were used as implementation languages.

141. K.-H. Kapp, "Eine Methode zur Konstruktion und Überprüfung sicherheitsrelevanter Automatisierungssoftware (A Method for the Construction and Validation of Safety-Relevant Automation Software - in German)," Diss., Universität Karlsruhe, Fakultät für Informatik, July 1985.

After a general introduction to the topic of fault tolerance, the design of a part of a remote control system, a safe picture generator system, is presented. It incorporates diversity by the use of different hardware (DEC LSI 11/23 and Z 8001), different languages (Modula I and seq./concurrent Pascal) and forced diversity with different data structures. The system did not go into operation.

142. J. P. J. Kelly, "Specification of Fault-Tolerant Multi-Version Software: Experimental Studies of a Design Diversity Approach," CSD-820927, UCLA, Computer Science Department, Los Angeles, CA, USA, September 1982.

143. J. P. J. Kelly and A. Avižienis, "A Specification Oriented Multi-Version Software Experiment," in *Proc. 13th Intern. Symp. on Fault-Tolerant Computing FTCS'13*, pp. 120-126, Milan, Italy, June 1983.

144. J. P. J. Kelly, A. Avižienis, B. T. Ulery, B. J. Swain, R.-T. Lyu, A. Tai, and K.-S. Tso, "Multi-Version Software Development," in *Proc. IFAC Workshop Safety of Computer Control Systems SAFECOMP'86*, pp. 43-49, Sarlat, France, 14-17 October 1986.

The paper gives a preliminary report on the four-university experiment sponsored by NASA in 1984-1986. The experiment consisted of programming 20 versions of a redundant strapped down inertial measurement unit. The aims of the experiment are described, and some basic findings are mentioned, but no data are given.

145. J. P. J. Kelly, D. E. Eckhardt, M. A. Vouk, D. F. McAllister, and A. Caglayan, "A Large Scale Second Generation Experiment in Multi-Version Software: Description and Early Results," in *Proc. 18th Intern. Symp. on Fault-Tolerant Computing FTCS'18*, pp. 9-14, Tokyo, Japan, 27-30 June 1988.

146. J. P. J. Kelly, "Current Experiences with Fault Tolerant Software Design: Dependability Through Diverse Formal Specifications?," in *4th Intern. Conf. Fault-Tolerant Computing Systems*, Baden-Baden, Germany, 20-22 September 1989.

147. M. Kersken and W. Ehrenberger, "A Statistical Assessment of Reliability Features of Diverse Programs," *Reliability Engineering*, Vol. 2, pp. 233-240, 1981.

148. K. H. Kim, "Distributed Execution of Recovery Blocks: Approach to Uniform Treatment of Hardware and Software Faults," in *Proc. 4th Intern. Conf. Distributed Computing Systems*, pp. 526-532, San Francisco, CA, USA, 14-18 May 1984.

149. K. H. Kim and J. C. Yoon, "Approaches to Implementation of a Repairable Distributed Recovery Block Scheme," in *Proc. 18th Intern. Symp. on Fault-Tolerant Computing FTCS'18*, pp. 50-55, Tokyo, Japan, 27-30 June 1988.

The use of a distributed recovery block scheme in a real-time distributed computer systems is discussed. Implementation issues concerning a repairable DRB are presented.

150. J. C. Knight and N. G. Leveson, "Correlated Failures in Multi-Version Software," in *Proc. IFAC SAFECOMP'85*, pp. 159-165, Como, Italy, 1-3 October 1985.

151. J. C. Knight, N. G. Leveson, and L. D. St. Jean, "A Large Scale Experiment in N-Version Programming," in *Proc. 15th Intern. Symp. on Fault-Tolerant Computing FTCS'15*, pp. 135-139, Ann Arbor, MI, USA, 19-21 June 1985.

An experiment is described in which 27 versions were independently programmed and tested with 1 million test cases. The analysis showed that independent programming does not imply independent failure behavior of the versions.

152. J. C. Knight and N. G. Leveson, "An Empirical Study of Failure Probabilities in Multi-Version Software," in *Proc. 16th Intern. Symp. on Fault-Tolerant Computing FTCS'16*, pp. 165-170, Wien, Austria, 1-4 July 1986.

Second analysis of the UCI-UVA experiment on software diversity. A more detailed analysis of the different reliability and safety figures for single versions, for 2-version systems and for 3-version systems are given. Generally, an increase in the reliability is achieved the more systems are combined. (Compare Knight et al 1985.)

153. J. C. Knight, "Data Diversity - A New Approach to Fault-Tolerant Software," in *Proc. 11th Annual Software Engineering Workshop*, NASA Goddard Space Flight Center, 3 December 1986.

Introduction of a technique to investigate the characteristics of failure regions in the input space. Use of slight variations in the input space shall detect the size of failure regions.

154. J. C. Knight and N. G. Leveson, "An Experimental Evaluation of the Assumption of Independence in Multiversion Programming," *IEEE Trans. on Software Engineering*, Vol. SE-12, No. 1, pp. 96-109, January 1986.

(Compare Knight et al 1985.)

155. R. Konakovsky, "On a Diversified Parallel Microcomputer System," in *Proc. IFAC Workshop SAFECOMP'79*, pp. 81-88, Stuttgart, Germany, 16-18 May 1979.

Three design structures of a microcomputer system with two parallel diverse hardware units are described. The failure detection capabilities are discussed.

156. R. Konakovsky, *Sichere Prozeßdatenverarbeitung mit Mikrorechnern*, R. Oldenbourg Verlag, München, 1988.

Different possibilities of the application of diversity techniques in process control systems are explained. The design of a diverse microprocessor system DIMI with voter is introduced. Different kinds of errors which can be detected by diversity are described. The reliability calculations ignore the dependence of identical errors, the silent assumption of total independence is made.

157. R. Konakovsky, "Verfahren der vollständigen Fehlererkennung durch gezielten Einsatz von Diversität (Methods for complete error detection through the planned use of diversity - in German)," in *Proc. Prozeßrechensysteme'88*, Vol. IFB 167, pp. 281-290, Springer-Verlag Berlin, Stuttgart, Germany, 2-4 March 1988.

Some diversity methods are explained which are able to detect all common errors of a certain kind. This results in higher reliability than possible with the assumption of independence. But this solution is not generally possible for all classes of errors. The targeted use of forced diversity is proposed, which shall reduce the probability of common error.

158. H. Kopetz, "Software Redundancy in Real Time Systems," *Proc. Information Processing 74*, pp. 182-186, Stockholm, Sweden, 5-10 August 1974.

Introduction of static redundancy (triple modular redundancy) and standby redundancy (processing module, audit module, and standby module) for coping with software errors. With a simple model, the reliability gain from single module to TMR to standby redundancy is given (17 ref.).

159. H. Krebs and U. Haspel, "Ein Verfahren zur Software-Verifikation (A Technique for Software Verification - in German)," *Regelungstechnische Praxis*, Vol. 26, pp. 73-78, 1984.

The object code of a program was disassembled and translated back to higher level representations until a level was achieved, which was equivalent to the requirement specification. These two independently generated documents - the original requirement specification and the back translated one - are compared. This approach was used for the licensing of a railway safety system in Germany (0 ref.). (Compare Krebs 1986.)

160. H. Krebs, "Verification of Safety Related Programs for a Maglev System," in *Proc. 5th IFAC/IFIP/IFORS Conf. Control in Transportation Systems*, pp. 357-363, Vienna, Austria, 8-11 July 1986.

Use of diverse back development in the verification procedure for a railway safety system. The program code is translated into higher level representations step by step until the level of the problem specification is reached. Original problem specification and back-translated specification are then compared. (Compare Krebs et al 1984.)

161. H. Krebs, *Entwurf und quantitative Beschreibung diversitärer Software (Development and Quantitative Description of Diverse Software - in German)*, Verlag TÜV Rheinland GmbH, Köln, 1988. Dissertation Universität Stuttgart, 1988

A comparison of 2-channel structures is given with and without software diversity. A diversity factor is introduced which is based on program analysis and compares a special form of a program graph, the program vector graph. The area between the graphs of two diverse programs is a measure for their diversity.

162. J. H. Lala and L. S. Alger, "Hardware and Software Fault Tolerance: A Unified Architectural Approach," in *Proc. 18th Intern. Symp. on Fault-Tolerant Computing FTCS' 18*, pp. 240-245, Tokyo, Japan, 27-30 June 1988.

163. J.-C. Laprie, "Dependability Evaluation of Software Systems in Operation," *IEEE Trans. on Software Engineering*, Vol. SE-10, No. 6, pp. 701-714, November 1984.

Reliability and availability as constituents of the dependability are evalutated for software systems being in use. A Markov model is presented, and the related figures are derived. The model is then applied to evaluate the dependability of a recovery block scheme and a system with hardware faults (physical faults) and software faults (design faults).

164. J.-C. Laprie, "Dependable Computing and Fault Tolerance: Concepts and Terminology," in *Proc. 15th Intern. Symp. on Fault-Tolerant Computing FTCS' 15*, pp. 2-11, Ann Arbor, MI, USA, 19-21 June 1985.

This paper provides a conceptual framework for expressing the attributes of what constitutes dependable and reliable computing: the impairments of dependability (faults, errors, and failures), the means for dependability (fault-avoidance, fault-tolerance, error-removal, and error-forecasting), and the measures of dependability (reliability, availability, maintainability, and safety). Emphasis is being put on the dependability impairments and on fault-tolerance.

165. J.-C. Laprie, J. Arlat, C. Beounes, C. Hourtolle, and K. Kanoun, "Software Fault Tolerance," LAAS 86.044 (in French), April 1986.

Preparatory work performed for the Hermes space shuttle.

166. J.-C. Laprie, "Dependability: A Unifying Concept for Reliable Computing and Fault Tolerance," LAAS Report 86.357, December 1986.

167. J.-C. Laprie, J. Arlat, C. Beounes, K. Kanoun, and C. Hourtolle, "Hardware- and Software-Fault Tolerance: Definition and Analysis of Architectural Solutions," in *Proc. 17th Intern. Symp. on Fault-Tolerant Computing FTCS'17*, pp. 116-121, Pittsburgh, PA, USA, 6-8 July 1987.

Introduction of N Self-Checking Programming as a third alternative besides the methods of Recovery Block and N-Version Programming and comparison of these three approaches.

168. J.-C. Laprie, "The Dependability Approach to Critical Computing Systems," in *Proc. 1st European Software Engineering Conference ESEC'87*, Vol. LNCS 289, pp. 233-243, Springer Verlag, Strasbourg, F, September 1987.

A framework for the design and validation of critical computing systems is described. This framework associates design diversity together with formal verification and reliability calculations for both hardware and software.

169. D. Lardner, "Babbage's Calculating Engine; From the Edinburgh Review, July, 1834, No. CXX," in *Charles Babbage and His Calculating Engines*, Ed. E. Morrison, Dover Publications, Inc. New York, 1961.

First discovered mention of diversity of computations.

170. R. Lauber, "Safe Software by Functional Diversity," EWICS TC 7 WP 37, 1975.

171. A. R. Lawrence, "Software Requirements for High Integrity Systems - The CEGB Guidelines for the Use of Programmable Electronic Systems for Reactor Protection," in *Proc. IEE Colloquium on 'Software Requirements for High Integrity Systems'*, pp. 7/1-6, London, UK, 10 Nov. 1988.

CEGB's guidelines for the use of programmable electronic systems for reactor protection are described. The highest reliability requirements ask for the use of diversity and redundancy of design and implementation.

172. P. A. Lee and T. Anderson, "Design Fault Tolerance," in *Resilient Computing Systems*, Ed. T. Anderson, pp. 64-77, Collins London, 1985.

Software fault tolerance as an instance of design fault tolerance is explained. The recovery block scheme and the N-version programming scheme are discussed.

173. N. Leveson, "A Scary Tale - Sperry Avionics Module Testing Bites the Dust?," *ACM Sigsoft Software Eng. Notes*, Vol. 12, No. 2, pp. 23-25, April 1987.

174. N. G. Leveson, "An Empirical Study of Error Detection Using Self-Test," in *Proc. 11th Annual Software Engineering Workshop*, NASA Goddard Space Flight Center, 3 December 1986.

A comparison between the error detection capability of the voter in n-version programming and of acceptance tests in the program - specification based as well as code based - is made on the basis of a preliminary analysis of an experiment.

175. N. G. Leveson, "Software Fault Tolerance in Safety-Critical Applications," in *Proc. 3rd Intern. Conf. Fault-Tolerant Computing Systems*, Vol. IFB 147, pp. 1-12, Bremerhaven, Germany, 9-11 September 1987.

176. K. S. Lew, K. E. Forward, and T. S. Dillon, "The Impact of Software Fault Tolerant Techniques on Software Complexity in Real Time Systems," Proc. IFAC Safecomp'83, pp. 67-73, Cambridge, UK, 20-22 September 1983.

The software complexity of the recovery block structure is discussed.

177. K.-J. Lin, "Resilient Procedures - an Approach to Highly Available System," in *Proc. IEEE 1986 Intern. Conf. on Computer Languages*, pp. 98-106, Miami, FL, USA, 27-30 October 1986.

A resilient procedure is proposed that actively executes a single-version or multi-version procedure on several sites to provide high availability for a distributed computer system.

178. O. Berg von Linde, "Computers Can Now Perform Vital Functions Safely," *Railway Gazette International*, pp. 1004-1007, November 1979.

Description of the LM Ericsson approach to achieve safety in computerized railway safety systems in use in Sweden and Taiwan. The systems are explained, the reasons for using software diversity as well as the way software diversity is realized. The use of independent teams, inverted and reverted data and checkpoints are the main features of the design. The two resulting programs run in the same microprocessor. (Compare Hagelin 1988.)

179. L. Liotta and D. Sciuto, "Static and Dynamic Redundancy: Proposal and Evaluation of Two Constructs of Software Fault Tolerance," in *Proc. 11th EUROMICRO Symposium on Microprocessing and Microprogramming: Microcomputers, Usage and Design.*, pp. 463-473, Brussels, Belgium, 3-6 September 1985.

Within the context of Ada, the two constructs of software fault tolerance, recovery blocks and N-version programming, are explained. An error model is introduced and the error space of the two constructs is described. A comparison of the two constructs is given. The problems associated with the voting on similar results are explained (15 ref.).

180. B. Littlewood and D. R. Miller, "A Conceptual Model of Multi-Version Software," CSR Technical Report, December 1986.

Based on the Eckhardt & Lee Model, it is shown that a duality exists between input choice and program choice. The model is enhanced by incorporating the effects of the use of diverse methodologies. An optimal method for allocating diversity between versions can be obtained for certain 1-out-of-n systems.

181. B. Littlewood and T. Anderson, *Reliability Modelling for Fault-Tolerant Software*, Centre of Software Reliability, The City University, London, UK, 1987. Report of a Workshop held in Badgastein, Austria, in July 1986

182. B. Littlewood and D. R. Miller, "A Conceptual Model of Multi-Version Software," in *Proc. 17th Intern. Symp. on Fault-Tolerant Computing FTCS'17*, pp. 150-155, Pittsburgh, PA, USA, 6-8 July 1987.

183. B. Littlewood and D. R. Miller, "A Conceptual Model of the Effect of Diverse Methodologies on Coincident Failures in Multi-Version Software," in *Proc. 3rd Intern. Conf. Fault-Tolerant Computing Systems*, Vol. IFB 147, pp. 263-272, Bremerhaven, Germany, 9-11 September 1987.

184. B. Littlewood and T. Anderson, "Reliability Modelling for Fault-Tolerant Software. Report on a Workshop Held in Badgastein, Austria, July 1986," in *Software Diversity in Computerized Control Systems*, Ed. U. Voges, pp. 173-182, Springer-Verlag Wien, 1988.

This report presents the results of the discussion during a workshop on modelling issues. Recommendations for further research are given.

185. A. B. Long, C. V. Ramamoorthy, S. F. Ho, H. H. So, H. L. Reeves, and E. A. Straker, "A Methodology for the Development and Validation of Critical Software for Nuclear Power Plants," in *Proc. COMPSAC'77*, pp. 620-626, Chicago, IL, USA, November 1977.

Description of a methodology to be used in an experiment, incorporating dual programming (software diversity). For results see So et al 1979, Ramamoorthy et al 1979, Ramammorthy et al 1981, Saib 1982.

186. M. R.-T. Lyu, "A Design Paradigm for Multi-Version Software," CSD-880076, Ph. D. Dissertation, UCLA Computer Science Department, Los Angeles, CA, USA, May 1988.

187. E. Maehle, K. Moritzen, and K. Wirl, "Experimente mit N-Version Programmierung auf dem DIRMU Multiprozessorsystem (Experiments with N-Version-Programming on the DIRMU Multiprocessor System. In German)," in *Software-Fehlertoleranz und -Zuverlässigkeit*, Ed. F. Belli, S. Pfleger, M. Seifert, pp. 133-142, Springer-Verlag Berlin, 1984.

Three diverse solutions to the travelling salesman problem were implemented and run on a multiprocessor system.

188. S. V. Makam, "Design Study of a Fault-Tolerant Computer System to Execute N-Version Software," CSD-821222, UCLA, Computer Science Department, Los Angeles, CA, USA, December 1982.

189. S. V. Makam and A. Avižienis, "An Event-Synchronized System Architecture for Integrated Hardware and Software Fault Tolerance," in *Proc. 4th Intern. Conf. Distributed Comp. Systems*, San Francisco, CA, USA, May 1984.

190. L. Mancini and G. Pappalardo, "The Join Algorithm: Ordering Messages in Replicated Systems," in *Proc. IFAC Workshop SAFECOMP'86*, pp. 51-55, Sarlat, France, 14-17 October 1986.

191. D. J. Martin, "Dissimilar Redundancy for Fly-by-Wire Secondary Flight Controls," in *Proc. Advanced Flight Controls Symposium*, Colorado Springs, CO, USA, 1981.

192. D. J. Martin, "Dissimilar Software in High Integrity Applications in Flight Controls," in *Proc. AGARD Symp. on Software for Avionics, CPP-330*, pp. 36.1-36.13, The Hague, The Netherlands, September 1982.

Description of the use of software diversity in airplanes.

193. G. E. Migneault, "The Cost of Software Fault Tolerance," in *Proc. AGARD Symposium on Software for Avionics, CPP-330*, pp. 37.1-37.8, The Hague, The Netherlands, 1982.

The thesis of this paper is that decisions about the use of redundancy in software fault tolerance should be made with the understanding that they provide cost minimization as well as reliability enhancement potential, and the rudiments of a technique are presented.

194. J. S. Miller, "On Software Quality," in *Proc. 2nd Intern. Symp. on Fault-Tolerant Computing FTCS'2*, pp. 84-88, Cambridge, MA, USA, 1972.

195. D. E. Morgan and D. J. Taylor, "A Survey of Methods of Achieving Reliable Software," *IEEE Computer*, Vol. 10, No. 2, pp. 44-53, February 1977.

Introduction

196. M. A. Morris, "An Approach to the Desing of Fault-Tolerant Software," MS Thesis, Cranfield Institute of Technology, September 1981.

A two-version software system is proposed, whose results are compared. If no agreement is achieved, a comparison with an estimate generated from previous results is performed, using the closest one - if within some boundaries - as correct one. This approach is only usable in continuous processes. It is called CRAFTS (Cranfield Algorithm for Fault-Tolerant Software) or also known as Foodtaster.

197. M. A. Morris, "The development of a software fault tolerant system for a real time control environment," in *Proc. 4th South African Computer Symposium*, pp. 149-160, Pretoria, South Africa, 1-3 July 1987.

Programs implementing different algorithms are combined in a TMR system.

198. M. R. Moulding, "Techniques for Achieving Software Fault Tolerance," in *IEE Colloquium on 'High Integrity Systems - Theory and Practice'*, Vol. Digest No. 112, pp. 2/1-11, London, England, 5 November 1986.

The basic concept of fault tolerance is presented. A short description of the recovery block approach and the N-version programming approach is given. The two approaches are compared with each other. Overview paper (16 ref.).

199. M. Mulazzani, "Reliability versus Safety," in *Proc. IFAC Workshop SAFECOMP'85*, pp. 141-146, Como, Italy, 1-3 October 1985.

200. M. Mulazzani, "Reliability and Safety in Electronic Interlocking," in *Proc. 5th IFAC/IFIP/IFORS Conf. Control in Transportation Systems*, pp. 321-328, Vienna, Austria, 8-11 July 1986.

The impact of different methods on the reliability and safety of a railway system is examined. The hardware and software structure of several interlocking systems are analyzed. The principles applied in these interlocking systems include software diversity.

201. N. N., "N-Version Simulator Interface. User's Guide," RTI/43U-2094-12, Research Triangle Institute, October 1983.

A special purpose system for monitoring and controlling the execution of a simulator is explained. The simulator itself is an environment for executing a three-version implementation of a radar tracking problem.

202. N. N., "Guidance on the Safe Use of Programmable Electronic Systems: Part 2: Safety Integrity Assessment. Draft Document," Health and Safety Executive, Bootle, United Kingdom, 1984.

In this guideline, it is proposed to use as a figure for the ratio between the common mode failure rate and the independent failure rate a value between 0.03 and 0.3 for homogeneous redundancy and between 0.001 and 0.1 for diverse redundancy. A checklist on diverse software assessment is given. The guideline gives further information on the assessment of software and hardware for safety-related applications.

203. N. N., "Redundancy Management Software Requirements Specification for a Redundant Strapped Down Inertia Measurement Unit," Version 2.0, Charles River Analytics, Research Triangle Institute, Research Triangle Park, N.C., 30 May 1985.

Specification of the problem used in the four university experiment (compare Kelly et al 1986.).

204. N. N., "Automatic Software Generation and Validation for Nuclear Power Plant Status Monitoring," EPRI-NP-4784-SR, Palo Alto, 31 October 1986.

Use of diverse backward decomposition of logic routines to compare with the original specification in order to verify the correctness.

205. N. N., "Requirements for Software for Use with Digital Processors," Navel Engineering Standard NES 620, United Kingdom Ministry of Defence, October 1986.

For high integrity software this standard requires, among other techniques, the use of software diversity as a fault tolerance technique.

206. N. N., "Programmable Electronic Systems in Safety Related Applications," Health and Safety Executive, Bootle, United Kingdom, June 1987.

Guidance is given on when to use diversity of hardware and software in safety related appications. The ratio of the common cause failure rate in redundant systems to the individual failure rate is assumed to be in the range of 0.03 and 0.3 for identical redundant systems and in the range of 0.003 to 0.03 for diverse systems.

207. P. M. Nagel and J. A. Skrivan, "Software Reliability: Repetitive Run Experimentation and Modeling," NASA CR-165836, 1982.

208. H. G. Nix, "Sichere Mikroprozessorsysteme für Schutzaufgaben bei der Prozeßautomatisierung (Safe Microcomputer Systems for Safety Functions in Process Automation - in German)," *Automatisierungstechnische Praxis*, Vol. 28, No. 3, pp. 130-135, 1986.

209. D. Nordenfors and A. Sjöberg, "Computer-Controlled Electronic Interlocking System ERILOCK 850," *Ericsson Review*, No. 1, pp. 11-17, 1986.

The interlocking system and its installation in Hallsberg, Sweden, is described. The reasons for and the use of software diversity are explained shortly. (Compare Hagelin 1988.)

210. D. J. Panzl, "A Method for Evaluating Software Development Techniques," *Journal of Systems and Software*, Vol. 2, No. 2, pp. 133-137, June 1981.

211. G. Pauthner, "Votierung in PDV-Systemen mit diversitärer Redundanz (Voting in Process Control Systems with Diverse Redundancy. In German)," in *Software-Fehlertoleranz und -Zuverlässigkeit*, Ed. F. Belli, S. Pfleger, M. Seifert, pp. 143-154, Springer-Verlag Berlin, 1984.

212. S. Pfleger, "Structuring Concepts for Robust Applications," in *Proc. COMPSAC'86*, pp. 420-426, Chicago, IL, USA, 8-10 October 1986.

213. J. R. Popovic, D. C. Chan, D. B. Burjorjee, and B. K. Patterson, "Computer Control in Candu Plants," in *Symposium on Advanced Nuclear Services, CNA/CNS Intern. Nuclear Conference*, Toronto, Canada, 8-11 June 1986.

Use of hardware and software diversity in a reactor safety shutdown system.

214. A. Postlethwaite, "Software," *Flight International*, Vol. 133, No. 4109, pp. 22-24, 16 April 1988.

In this report of a symposium held by the Royal Aeronautical Society in London, the use of computers in modern aircraft is discussed. A novel fly-by-wire system, developed by Boeing and GEC, is mentioned which includes triplicated dissimilar hardware and software.

215. P. W. Protzel, "Automatically Generated Acceptance Test: a Software Reliability Experiment," in *Proc. 2nd Workshop on Software Testing, Verification, and Analysis*, pp. 196-203, Banff, Alta., Canada, 19-21 July 1988.

A multiversion environment was used for investigating the feasibility of an acceptance test.

216. J. Purtilo and P. Jalote, "A System for Supporting Multi-Language Versions for Software Fault Tolerance," in *19th Intern. Symp. on Fault-Tolerant Computing FTCS'19*, Chicago, IL, USA, 21-23 June 1989.

217. C. V. Ramamoorthy, F. B. Bastani, J. M. Favaro, Y. R. Mok, C. W. Nam, and K. Suzuki, "A Systematic Approach to the Development and Validation of Critical Software for Nuclear Power Plants," in *Proc. 4th Intern. Conf. Software Engineering*, pp. 231-240, München, Germany, 17-19 September 1979.

A methodology is proposed for the development and validation of nuclear power plant safety system software. It includes the use of tools, formal techniques, and dual programming (software diversity). The application of this methodology in an experiment and its results are described. (Compare Ramamoorthy et al 1981, Saib 1982.)

218. C. V. Ramamoorthy, Y. R. Mok, F. B. Bastani, G. H. Chin, and K. Suzuki, "Application of a Methodology for the Development and Validation of Reliable Process Control Software," *IEEE Trans. on Software Engineering*, Vol. SE-7, No. 6, pp. 537-555, November 1981.

A formal specification development and validation methodology is proposed for achieving reliable software. The techniques are applied in a project, including the independent development of two sets of specifications, and continuing with independent design, implementation and testing. In a final phase, the two programs were executed with a test data generator and a dual program monitor system. Besides the two development teams, a third independent team was working on testing, review and comparison (30 ref.). (Compare Ramamoorthy et al 1979, Saib 1982.)

219. B. Randell, ''System Structure for Software Fault Tolerance,'' *IEEE Trans. on Software Engineering*, Vol. SE-1, No. 2, pp. 220-232, June 1975.

Introduction of recovery block technique.

220. B. Randell, P. A. Lee, and P. C. Treleaven, ''Reliability Issues in Computing System Design,'' *ACM Computing Surveys*, Vol. 10, No. 2, pp. 123-165, June 1978.

This paper surveys the various problems involved in achieving very high reliability computing systems. Topics covered include protective redundancy, use of atomic actions, error detection techniques, and error recovery techniques (50 ref.).

221. B. Randell, ''Design Fault Tolerance,'' in *The Evolution of Fault-Tolerant Computing*, Ed. A. Avižienis, H. Kopetz, and J.-C. Laprie, pp. 251-270, Springer-Verlag Wien New York, 1987.

Includes the history of recovery blocks at the University of Newcastle upon Tyne.

222. J.-C. Rault, ''Extension of Hardware Fault Detection Models to the Verification of Software,'' in *Program Test Methods*, Ed. W. C. Hetzel, pp. 255-262, Prentice-Hall, Inc., Englewood Cliffs, NJ, USA, 1973.

The use of dual coding as a testing method is proposed. A model of the final program is written in a higher level language and both versions are executed with the same test data for error detection.

223. J. C. Rouquet and P. J. Traverse, ''Safe and Reliable Computing on Board the Airbus and ATR Aircraft,'' in *Proc. IFAC Workshop SAFECOMP'86*, pp. 93-97, Sarlat, France, 14-17 October 1986.

Description of the use of computers with safety and reliability requirements in the airplanes Airbus and ATR.

224. F. Saglietti and W. Ehrenberger, ''Software Diversity - Some Considerations about its Benefits and its Limitations,'' in *Proc. IFAC Workshop Safety of Computer Control Systems 1986 (SAFECOMP'86)*, pp. 27-34, Sarlat, France, 14-17 October 1986.

225. F. Saglietti and M. Kersken, ''Quantitative Assessment of Fault-Tolerant Software Architecture,'' in *Proc. 3rd Intern. Conf. Fault-Tolerant Computing Systems*, Vol. IFB 147, pp. 284-297, Bremerhaven, Germany, 9-11 September 1987.

226. F. Saglietti and W. Ehrenberger, ''Back-to-Back Teststrategien zur Validation fehlertolerierender Software-Systeme (Back-to-Back testing strategies for validation of fault-tolerant software - in German),'' in *Proc. Prozeßrechensysteme'88*, Vol. IFB 167, pp. 271-280, Springer-Verlag Berlin, Stuttgart, Germany, 2-4 March 1988.

The cost effectiveness of the use of diversity for back-to-back testing is analyzed and a related model is presented.

227. F. Saglietti, ''The Impact of Voter Granularity in Fault-Tolerant Software on System Reliability and Availability,'' in *4th Intern. Conf. Fault-Tolerant Computing Systems*, Baden-Baden, Germany, 20-22 September 1989.

228. S. H. Saib, ''Validation of Real-Time Software for Nuclear Plant Safety Applications,'' EPRI NP-2646, November 1982.

Description of the EPRI-project which involved the use of diversity in an experimental design of a computerized system for a nuclear power plant. Dual teams independently developed and tested the software using a formal specification language, structured programming, static test tools, and an automated test bed. The entire process was formally monitored by a third independent verification and validation team. The effectiveness of the concept is evaluated. (See also Long et al 1977, So et al 1978, Ramamoorthy et al 1979, Ramamoorthy et al 1981)

229. W. Schleuter, "Electric Servo Drive for Front and Rear Wheel Power Steering," in *Proc. EAEC "New Developments in Powertrain and Chassis Engineering"*, Vol. C382/065, pp. 361-368, Straßburg, F, 14-16 June 1989.

The design of a power steering system is presented which incorpartes software and hardware diversity in order to fulfil the high safety demands.

230. E. Schmidt, "Eine lebenswichtige System-Steuerung, die nicht ausfallen darf (A Life-Critical Control System which May not Fail - in German)," *Minimicro Magazin*, Vol. 2, No. 9, pp. 74-77, September 1986.

231. W. Schütz, "Diversity in N-Version Software - An Analysis of Six Programs," CSD-880078, Master Thesis, UCLA Computer Science Department, Los Angeles, CA, USA, November 1987.

232. R. K. Scott, "Data Domain Modeling of Fault-Tolerant Software Reliability," Ph. D. Dissertation, North Carolina State Univ., Raleigh, NC, USA, 1983.

233. R. K. Scott, J. W. Gault, and D. F. McAllister, "The Consensus Recovery Block," in *Proc. Total Systems Reliability Symposium*, pp. 74-85, Gaithersburg, MD, USA, 1983.

The Consensus Recovery Block is introduced. It is a hybrid combination of aspects from the Recovery Block and from the N-Version Programming. Reliability models for comparison of the three approaches are presented.

234. R. K. Scott, J. W. Gault, and D. F. McAllister, "Modeling Fault-Tolerant Software Reliability," in *Proc. 3rd Symp. on Reliability in Distributed Software and Database Systems*, pp. 15-27, Clearwater Beach, FL, USA, 17-19 October 1983.

This paper presents fault-tolerant software reliability models based on component reliabilities. Two methods for estimating component reliabilities and the associated variances are given along with an approach for calculating the system reliability estimate variance. The derived models are used as a basis for discussing trade-offs between recovery blocks and N-version programming.

235. R. K. Scott, J. W. Gault, D. F. McAllister, and J. Wiggs, "Investigation of Version Dependence in Fault-Tolerant Software ," in *Proc. Avionics Panel Spring 1984 Meeting on Design for Tactical Avionics Maintainability*, 1984.

236. R. K. Scott, J. W. Gault, D. F. McAllister, and J. Wiggs, "Experimental Validation of Six Fault-Tolerant Software Reliability Models," in *Proc. 14th Intern. Symp. on Fault-Tolerant Computing FTCS'14*, pp. 102-107, Orlando, FL, USA, June 1984.

Recovery block, N-version programming, and consensus recovery block reliability models and their experimental application are discussed.

237. R. K. Scott, J. W. Gault, and D. F. McAllister, "Fault-Tolerant Software Reliability Modeling," *IEEE Trans. on Software Engineering*, Vol. SE-13, No. 5, pp. 582-592, May 1987.

Reliability models for recovery block, N-version programming, and consensus recovery block are presented. The models as well as experimental application of them show that the consensus recovery block has the highest reliability. In addition, a simple cost model is presented (15 ref.).

238. T. J. Shimeall and N. G. Leveson, "An Empirical Comparison of Software Fault Tolerance and Fault Elimination," in *Proc. 2nd Workshop on Software Testing, Verification, and Analysis*, pp. 180-187, Banff, Alta., Canada, 19-21 July 1988.

An experiment is described in which software fault tolerance (n-version programming with voting) and software fault elimination (standard software testing procedures) are compared. The effectiveness of fault elimination demonstrated to be higher.

239. T. J. Shimeall and N. G. Leveson, "An Empirical Exploration of Five Software Fault Detection Methods," in *Proc. Safety of Computer Control Systems 1988 (SAFECOMP'88)*, pp. 79-85, Fulda, FRG, 9-11 November 1988.

An experiment is described which compares five different software reliability methods: N-version programming, run-time assertions, functional testing, static data reference analysis and code reading by stepwise abstraction.

240. Kang G. Shin and Yann-Hang Lee, "Evaluation of Error Recovery Blocks Used for Cooperating Processes," *IEEE Trans. on Software Engineering*, Vol. SE-10, No. 6, pp. 692-700, November 1984.

241. K. S. Shrivastava, ed., *Reliable Computing Systems: Collected Papers of the Newcastle Reliability Project*, Springer-Verlag Berlin, 1985.

242. S. K. Shrivastava and A. A. Akinpelu, "Fault-Tolerant Sequential Progamming Using Recovery Blocks," Computing Laboratory Technical Report 122, University of Newcastle upon Tyne, United Kingdom, March 1978.

243. S. K. Shrivastava, "Concurrent Pascal with Backward Error Recovery: Language Features and Examples," *Software - Practice and Experience*, Vol. 9, No. 12, pp. 1001-1020, December 1979.

The programming language Concurrent Pascal has been extended to include some language features that facilitate the writing of fault-tolerant software. It is possible now to write operating systems with a measure of fault tolerance, and to support fault-tolerant user programs. The paper describes these language features and illustrates their use with the help of a few working examples.

244. A. Sjöberg, "Automatic Train Control," *Ericsson Review*, No. 1, pp. 22-29, 1981.

Description of the automatic train control system JZG 700, which incorporates two independently developed programs running in the same processor, and whose results are compared. Difference in the results leads to a fail-safe action. (Compare Hagelin 1988.)

245. J. R. Sklaroff, "Redundancy Management Techniques for Space Shuttle Computers," *IBM J. Res. Develop.*, Vol. 20, pp. 20-28, January 1976.

246. H. So, C. Nam, H. Reeves, T. Albert, E. Straker, S. Saib, and A. B. Long, "Experience with a Specification Language in the Dual Development of Safety System Software," in *Proc. IFAC Workshop SAFECOMP'79*, pp. 161-167, Stuttgart, Germany, 16-18 May 1979.

Description of the first stage of the EPRI project on the use of diversity in the development of safety related software. (See also Long et al 1978, Ramamoorthy et al 1979, Ramamoorthy et al 1981, Saib 1982)

247. M. D. Soneriu, "A Methodology for the Design and Analysis of Fault-Tolerant Operating Systems," PhD Dissertation, Illinois Institute of Technology, Chicago, IL, USA, May 1981.

248. B. J. Sterner, "Computerised Interlocking System - a Multidimensional Structure in the Pursuit of Safety," *IMechE Railway Engineer International*, pp. 29-30, November/December 1978.

Description of computerised interlocking system using two independently developed programs within one computer. First real life use of software diversity in a running application system, which has been in operational use since 1977. (Compare Hagelin 1988.)

249. J. Stocker and J. Rauch, "CSTS: Ein Software-Testsystem für den Tornado-Autopiloten (CSTS : A Cross Software Test System for the Tornado Autopilot - in German)," in *Proc. DGLR-Symposium "Test und Verifikation von Software bei digitalen Systemen der Luft- und Raumfahrt"*, pp. 55-75, Köln, Germany, 25-26 October 1983.

Use of diversity for testing purposes only. Starting from the same functional specification, separate independent designs were made. One system was implemented in C on a PDP using floating point arithmetic, the other one in Assembly language on a AFDS using fixed point arithmetic. The latter one was the final system used in the Tornado autopilot.

250. L. Strigini and A. Avižienis, "Software Fault Tolerance and Design Diversity: Past Experience and Future Evolution," in *Proc. IFAC Workshop SAFECOMP'85*, pp. 167-172, Como, Italy, 1-3 October 1985.

251. B. J. Swain, "Group Branch Coverage Testing of Multi-Version Software," UCLA-CSD-860013, Los Angeles, CA, USA, December 1986.

Group branch coverage testing is a variant of branch coverage testing designed for testing multi-version software.

252. Bonar August Systems, "CS330 Control System - Data Sheet," Doc. No. EPO-0010-01, Bonar August Systems Ltd., 1987.

253. J. R. Taylor and U. Voges, "Use of Complementary Methods to Validate Safety Related Software Systems," in *Proc. IFAC 7th Triennial World Congress*, pp. 731-737, Helsinki, Finland, 12-16 June 1978.

Use of diversity as one means to achieve reliable software.

254. J. R. Taylor, "Redundant Programming in Europe," *ACM Sigsoft SEN*, Vol. 6, No. 1, pp. 1-2, January 1981.

Mentions different experiments with and use of software diversity within Europe.

255. N. Theuretzbacher, "Using AI-Methods to Improve Software Safety," in *Proc. IFAC Workshop SAFECOMP'86*, Sarlat, France, 14-17 October 1986.

The N-version programming technique is compared with the newly introduced safety bag technique. Within a railway interlocking system, this technique consists of a checking part - are all actions by the control software safe - and an active part - guaranteeing that safety actions are really taken. The safety bag is judged to result in higher safety than N-version programming. The implementation of the safety bag is described.

256. M. Thomas, "Should We Trust Computers?," in *Proc. SEAS Anniversary Meeting*, Vol. 1, pp. 365-371, Aalborg, DK, 26-30 Sept. 1988.

Some main technical approaches used in developing safety critical computer systems are described, including diversity and formal methods.

257. J. E. Tomayko, "NASA's Manned Spacecraft Computers," *Annals of the History of Computing*, Vol. 7, No. 1, pp. 7-18, January 1985.

258. H. Trauboth, "Zuverlässigkeit von DV-Systemen - Eine systemtechnische Aufgabe (Reliability in Process Control Systems: A Systems Engineering Task - in German)," in *Proc. Architektur und Betrieb von Rechensystemen*, Vol. IFB 78, pp. 271-295, Karlsruhe, Germany, 26-28 March 1984.

259. P. Traverse, "AIRBUS and ATR System Architecture and Specification," in *Software Diversity in Computerized Control Systems*, Ed. U. Voges, pp. 95-104, Springer-Verlag Wien, 1988.

Description of the use of software and hardware diversity in Airbus airplanes.

260. R. Troy and C. Baluteau, "Assessment of Software Quality for the Airbus A310 Automatic Pilot," in *Proc. 15th Intern. Symp. on Fault-Tolerant Computing FTCS'15*, pp. 438-443, Ann Arbor, MI, USA, 19-21 June 1985.

261. K. S. Tso, A. Avižienis, and J. P. J. Kelly, "Error Recovery in Multi-Version Software," in *Proc. IFAC Workshop Safety of Computer Control Systems 1986 (SAFECOMP'86)*, pp. 35-41, Sarlat, France, 14-17 October 1986.

262. K. S. Tso and A. Avižienis, "Community Error Recovery in N-Version Software: A Design Study with Experimentation," in *Proc. 17th Intern. Symp. on Fault-Tolerant Computing FTCS'17*, pp. 127-133, Pittsburgh, PA, USA, 6-8 July 1987.

Use of forward error recovery in a N-version system with a minority of failed versions.

263. K. S. Tso, "Error Recovery in Multi-Version Software," CSD-870013, UCLA, Los Angeles, CA, USA, March 1987.

The problem of error recovery in multi-version software systems is stated. A community error recovery algorithm is proposed as a solution. Its implementation in the UCLA DEDIX system and the results from an experiment with it are presented. (Compare Avižienis et al 1988.)

264. R. Turn and J. Habibi, "On the Interactions of Security and Fault Tolerance," in *Proc. 9th Nat. Comp. Security Conf.*, pp. 138-142, September 1986.

265. D. B. Turner, R. D. Burns, and H. Hecht, "Designing Micro-Based Systems for Fail-Safe Travel," *IEEE Spectrum*, Vol. 24, No. 2, pp. 58-63, February 1987.

The use of computerized systems in railroad, aircraft, and space vehicles is explained. Examples for application of homogeneous redundancy and diverse redundancy, hardware as well as software, are given.

266. P. Velardi, R. K. Iyer, and K. Ravishankar, "A Study of Software Failures and Recovery in the MVS Operating System," No. 83-7, Stanford University, Center for Reliable Computing, Stanford, CA, USA, July 1983.

267. P. Velardi and R. K. Iyer, "A Study of Software Failures in the MVS Operating System," *IEEE Transactions on Computers*, Vol. C-33, No. 6, pp. 564-568, June 1984.

268. U. Voges, "Sicherheitsprobleme bei Prozeßrechner-Programmsystemen (Safety Problems with Process Control Computer Systems - in German)," Seminarvortrag Institut für Kernphysik, Universität Mainz, Germany, 21 April 1975.

Safety and reliability problems associated with the use of computer systems in safety critical applications are discussed. Two forms of diversity are explained: development diversity - the implementation of the software by three independent teams for a TMR-system, resulting in probably only specification errors as identical errors in the three programs; run-time diversity - diverse computations in the program along different paths, e.g. by use of different algorithms and use of physical dependencies of the processed data values.

269. U. Voges and J. R. Taylor, "A Survey of Methods for the Validation of Safety Related Software," in *Proc. IFAC Workshop SAFECOMP'79*, pp. 95-103, Stuttgart, Germany, 16-18 May 1979.

Besides other methods, the use of software diversity for achieving reliable systems is discussed.

270. U. Voges, F. Fetsch, and L. Gmeiner, "Use of Microprocessors in a Safety-Oriented Reactor Shut-Down System," in *Proc. EUROCON'82*, pp. 493-497, Lyngby, Denmark, 14-18 June 1982.

Description of a design for a computerized nuclear reactor safety system which makes use of triple modular redundancy and three diverse application software systems. (Compare Voges 1988.)

271. U. Voges, "Der Einsatz von Software-Diversität in Systemen mit hohen Zuverlässigkeitsanforderungen (The Use of Software Diversity in Systems with High Reliability Requirements - in German)," in *Proc. Software-Fehlertoleranz und -Zuverlässigkeit*, pp. 155-165, Bremerhaven, Germany, 1984.

272. U. Voges, "Application of a Fault-Tolerant Microprocessor-Based Core-Surveillance System in a German Fast Breeder Reactor," in *EPRI Seminar: Digital Control and Fault-Tolerant Computer Technology*, Scottsdale, AZ, USA, 9-12 April 1985.

The application of software diversity in the design of a reactor safety shut-down system is explained. Three independent program developments in three different languages were planned. (Compare Voges 1988.)

273. U. Voges, "Anwendung von Software-Diversität in rechnergesteuerten Systemen (The Application of Software Diversity to Computer Controlled Systems - in German)," *Automatisierungstechnische Praxis atp*, Vol. 28, No. 12, pp. 583-588, 1986.

The paper describes the state of the art of software diversity. It mainly reports on the IFIP-Workshop 'Design Diversity in Action', gives some basic definitions and states open problems.

274. U. Voges, ed., *Software Diversity in Computerized Control Systems,* Springer-Verlag Wien, 1988.

Collection of papers on experiments with and use of software diversity. Recovery blocks and N-version programming are covered as well as modelling problems.

275. U. Voges, "Annotated Bibliography on Software Diversity," in *Software Diversity in Computerized Control Systems*, Ed. U. Voges, pp. 191-216, Springer-Verlag Wien, 1988.

Bibliography on software diversity and related topics, covering the period from 1972 to September 1987.

276. U. Voges, "Use of Diversity in Experimental Reactor Safety Systems," in *Software Diversity in Computerized Control Systems*, Ed. U. Voges, pp. 29-49, Springer-Verlag Wien, 1988.

Discussion of an experiment and a design involving software diversity. The application area was a nuclear reactor safety system.

277. U. Voges, "Fehlertoleranz gegenüber Entwurfsfehlern (Fault Tolerance for Design Errors - in German)," *Informationstechnik it*, Vol. 30, No. 3, pp. 180-185, 1988.

Fault tolerance techniques, including diversity, are described which are effective against design errors.

278. M. A. Vouk, M. L. Helsabeck, K. Tai, and D. F. McAllister, "On Testing of Functionally Equivalent Components of Fault-Tolerant Software," in *Proc. COMPSAC'86*, pp. 414-419, Chicago, IL, USA, 8-10 Oct. 1986.

279. M. A. Vouk, "On Back-to-Back Testing," in *Proc. Computer Assurance: COMPASS'88*, pp. 84-91, Gaithersburg, MD, USA, 27 June - 1 July 1988.

The use of back-to-back testing in a multiversion environment is shown. The process is modeled with the assumption of failure independence as well as with the assumption of failure correlation between the versions.

280. C. J. Walter, "MAFT: An Architecture for Reliable Fly-by-Wire Flight Control," in *Proc. AIAA/IEEE 8th Digital Avionics Systems Conf.*, pp. 415-421, San Jose, CA, USA, 17-20 October 1988.

281. G. Weber, L. Gmeiner, and U. Voges, "Methoden der Zuverlässigkeitsanalyse und -sicherung bei Hardware und Software (Methods for Reliability Analysis and Achievement for Hardware and Software - in German)," in *Proc. Zuverlässigkeit von Rechensystemen*, Ed. W. Görke, pp. 71-96, Karlsruhe, Germany, 28-29 September 1978.

Besides other methods, the use of diversity in hardware and software in order to achieve high reliable systems is discussed.

282. L. D. Webster, R. A. Slykhouse, L. A. Booth, T. M. Carson, G. J. Davis, and J. C. Howard, "Ultrareliable Fault-Tolerant Control Systems," in *Proc. 6th AIAA/IEEE Digital Avionics Systems Conf.*, pp. 239-246, Baltimore, MD, USA, 3-6 December 1984.

An Ultrareliable Fault-Tolerant Control System concept for flight applications is described. Multiple versions of the application program are run on diverse hardware, limiting the amount of common elements. Fault tolerance is achieved through the use of static redundancy management.

283. M. Weck and B. Frentzen, "Entwicklung eines modularen Pressensteuerungssystems - Programmierbare diversitäre 3-von-3-Steuerung (Development of a Modular Press Control System - Programmable Diverse 3-out-of-3 Control - in German)," Fb Nr. 521, Schriftenreihe der Bundesanstalt für Arbeitsschutz, Dortmund, 1987.

Description of a control system with three diverse redundant microprocessors and associated diverse software.

284. A. Y.-W. Wei, "Real-Time Programming with Fault Tolerance," PhD Dissertation, University of Illinois, Urbana, IL, USA, 1981.

285. H. O. Welch, "Distributed Recovery Block Performance in a Real-Time Control Loop," in *Proc. Real-Time Systems Symposium*, pp. 268-276, Arlington, VA, USA, 1983.

286. J. H. Wensley, "SIFT - Software Implemented Fault Tolerance," in *AFIPS Conf. Proc.*, Vol. 41, pp. 89-96, 1972.

287. A. L. White and J. A. Sjogren, "Markov Chains for Testing Redundant Software," in *Proc. Annual Reliability and Maintainability Symposium*, pp. 426-433, Los Angeles, CA, USA, 26-28 January 1988.

The error states of the multiple version programs are modeled with Markov chains. Based on this, a procedure for testing the programs is developed, and the reliability of the system is computed. This is a design for an experiment.

288. J. F. Williams, L. J. Yount, and J. B. Flannigan, "Advanced Autopilot-Flight Director System Computer Architecture for Boeing 737-300 Aircraft," in *Proc. Fifth Digital Avionics Systems Conference*, Seattle, WA, USA, 30 October - 3 November 1983.

The evolution of flight control computers from analog to digital implementations is described. Main emphasis is on the presentation of the SP-300 flight-control system for the Boeing 737-300 aircraft. This dual diverse processor includes software diversity.

289. N. C. J. Wright, "Dissimilar Software," in *Workshop 'Design Diversity in Action'*, Baden, Austria, 27-28 June 1986.

290. S. Yoshimura, "Strategy for Back-to-Back Testing in the Project on Diverse Software (PODS)," HWR-97, OECD Halden Reactor Project, May 1983.

The Back-to-Back testing is one of the testing phases besides local testing and acceptance testing applied in the PODS experiment. The method of test data selection is described, and some test cases are presented. (Compare Bishop 1988.)

291. L. J. Yount, "Architectural Solutions to Safety Problems of Digital Flight-Critical Systems for Commercial Transports," in *Proc. of the AIAA/IEEE 6th Digital Avionics Systems Conf.*, pp. 28-35, Baltimore, MD, USA, 3-6 December 1984.

Starting from a description of the dual diverse SP-300 flight control system, new architectures for future applications are presented. Techniques to overcome generic hardware and software faults are discussed.

292. L. J. Yount, K. A. Liebel, and B. H. Hill, "Fault Effect Protection and Partitioning for Fly-by-Wire and Fly-by-Light Avionics Systems," in *Proc. AIAA/ACM/NASA/IEEE Computers in Aerospace V Conference*, pp. 275-284, Long Beach, CA, USA, 21-23 October 1985.

The historical development of automatic landing systems from analog implementations to current digital ones is discussed. The techniques used to tolerate generic software faults are described, especially the use of multi version software. The SP-300 autopilot flight director system used in B737-300 aircraft and a new dual/dual fault tolerant architecture are presented.

293. L. J. Yount, "Generic Fault-Tolerance Techniques for Critical Avionics Systems," in *Proc. AIAA Guidance and Control Conference*, Snowmass, CO, USA, June 1985.

Different categories of generic faults, which are design faults in hardware and in software, are discussed, and the benefits from applying software fault tolerance techniques are explained. A quantification of the reliability gain of a three version system is given, which makes the ideal (and unrealistic) assumption of total independence.

294. L. J. Yount, "Use of Diversity in Boeing Airplanes," in *Workshop 'Design Diversity in Action'*, Baden, Austria, 27-28 June 1986.

295. A. Zeh, "Softwareentwicklung für ein zuverlässiges und sicheres Prozeßrechnersystem (Software Development for a Reliable and Safe Process Control System - in German)," in *Proc. Fachtagung Prozeßrechner 1981*, pp. 240-250, München, Germany, 10-11 March 1981.

Design of a railway safety system with dual diverse hardware and dual diverse software. The concept was not implemented.

[illegible] to ensure [illegible] tones of [illegible] be professionally [illegible] in [illegible] picture [illegible] labels are applied especially by the use of [illegible] which [illegible] to assessment [illegible] being used in BS 5750 [illegible] that with a maximum detail that [illegible] to improve research.

[illegible], Young. *[illegible] Quality [illegible] Techniques for Center Awards Series*, [illegible] AMA Guidance and Visual Conferences Proceedings, CO, USA, [illegible] 1995.

[illegible] which are mainly [illegible] for bacteria [illegible] pathogens like [illegible] of contamination [illegible] [illegible] and [illegible].

[illegible], Young. *[illegible] Investigations Society Adjustment Independent [illegible]*, [illegible] [illegible] 1995.

[illegible].